河南省主要作物农业气象指标集

主　编：姬兴杰　薛昌颖
副主编：成　林　马青荣　杨光仙

气象出版社
China Meteorological Press

内 容 简 介

本书介绍了河南省主要作物不同生育阶段的适宜农业气象指标和不利农业气象指标，同时还介绍了各种作物生长季内的主要农业气象灾害指标，涉及的作物种类涵盖了河南省范围内种植的大部分作物，除冬小麦、夏玉米、水稻等粮食作物，大豆、花生、芝麻等油料作物，棉花、烟草、茶叶等经济作物外，还包括蔬菜、水果、花卉、中草药等地方特色作物，种类达 36 种。本书适合从事农业气象业务、服务及科研工作的技术人员作为参考书，也可作为农业实际生产指导手册。

图书在版编目（CIP）数据

河南省主要作物农业气象指标集 / 姬兴杰，薛昌颖主编. -- 北京 : 气象出版社，2022.10
ISBN 978-7-5029-7828-0

Ⅰ. ①河… Ⅱ. ①姬… ②薛… Ⅲ. ①农业气象－气候指标－河南 Ⅳ. ①S162.226.1

中国版本图书馆CIP数据核字(2022)第190045号

河南省主要作物农业气象指标集
Henan Sheng Zhuyao Zuowu Nongye Qixiang Zhibiao Ji

出版发行：气象出版社
地　　址：北京市海淀区中关村南大街 46 号　**邮政编码**：100081
电　　话：010-68407112(总编室)　010-68408042(发行部)
网　　址：http://www.qxcbs.com　**E-mail**：qxcbs@cma.gov.cn
责任编辑：张　媛　**终　　审**：吴晓鹏
责任校对：张硕杰　**责任技编**：赵相宁
封面设计：艺点设计
印　　刷：三河市君旺印务有限公司
开　　本：787 mm×1092 mm　1/16　**印　　张**：7.5
字　　数：192 千字
版　　次：2022 年 10 月第 1 版　**印　　次**：2022 年 10 月第 1 次印刷
定　　价：50.00 元

本书编写组

主　　编：姬兴杰　薛昌颖

副 主 编：成　林　马青荣　杨光仙

编　　委：张志红　王宇翔　李红卫　马志红　杜子璇
付祥建　赵　辉　王二虎　胡莉婷　武建华
王永峰　房稳静　王秀萍　韩耀杰　王福州
商东耀　程芳芳　王婷婷　冯　源　李树勇
冯文霞　吉志红　李香颜　朱学玲　刘华伟
江清霞　杜长菁　李　曼　张新刚　李　豪
张云霞　李汉浸　李明志　杨林菲　吴　洁
余　辉　沈海波　张金平　刘学义　张慧霞
张燕燕　陈　光　陈英慧　武晓光　周　伟
赵　静　赵巧梅　郝妍妍　徐延红　高伟力
郭　戈　曹志伟　葛国华　温天亮　熊　坤
冀　涛

技术顾问：李　飞　方文松　余卫东　刘荣花　张红卫
刘忠阳　查菲娜

序

农为邦本、本固邦宁，重农固本是安民之基、治国之要。习近平总书记深刻指出:“三农”工作在新征程上仍然极端重要，须臾不可放松，务必抓紧抓实。气象与“三农”工作关系密切，为农服务是气象事业立业之本和重点领域。进入新时代，传统农业由大众化、普适性需求向现代农业、特色农业的小众化、精细化需求转变，质量兴农、绿色兴农、品牌强农对“三农”气象服务提出了诸多新任务、新要求。这些都需要我们进一步强化“三农”气象服务重中之重的战略地位，围绕粮食等重要农产品安全供给、发挥农村气象防灾减灾第一道防线作用等核心任务，持之以恒在“强基、提技、增效”上下功夫，努力为农业稳产增产、农民稳步增收、农村繁荣稳定提供高质量气象服务。

在全球气候变暖背景下，我国农业生产的气候条件、气象灾害事件呈现出新特征，发生规律更为复杂多变，农业生产对气象服务保障的需求愈加旺盛。农业气象指标是衡量农业气象条件利弊的尺度，是开展农业气象工作的科学依据和基础，对指导农业生产、开展农业气象灾害监测预警评估等极为重要。为进一步提升农业气象业务能力和服务水平，加快现代农业气象业务服务体系构建，充分合理利用气候资源，有效防范或规避不利气象条件的危害，保障农业高产稳产，河南省气象部门农业气象专家组强化科研支撑，积累形成了一批农业气象应用研究成果，编写了《河南省主要作物农业气象指标集》。

《河南省主要作物农业气象指标集》涵盖了小麦、玉米、水稻、大豆等粮食作物农业气象指标，花生、油菜、烟草、棉花等经济作物农业气象指标，信阳毛尖、宁陵酥梨、新郑大枣等区域特色作物农业气象指标以及怀地黄、金银花、冬凌草等中药材农业气象指标。本书充分借鉴国内外农业气象指标研究成果，在充分分析全省农业气象条件和农业气象灾害的基础上，结合农业气象服务需求，从大量文献和项目成果中收集整理出河南省主要作物农业气象指标，并经对比分析、订正、完善后汇编而成，做到了去伪存真、去芜存精，具有一定的科学性、知识性和实用性。全书凝聚了河南省、市、县各级农业气象相关专家的智慧，对提升农业气象服务能力和工作效率具有积极意义。

本书适合各级农业行政管理人员、农业技术推广人员、从事农业生产的新型经营主体或专业大户、农业气象科研工作人员阅读和参考，既可以作为农业气象工作者科研或业务工作的参考书，也可作为农业实际生产指导手册。

2022 年 8 月

前　言

发展现代农业气象业务服务是中国气象局党组贯彻落实习近平总书记对气象工作指示精神，面向民生、面向生产、面向决策，充分发挥气象服务的职能和作用而提出的重大战略任务。增强防灾减灾、粮食安全以及应对气候变化的能力，为国民经济、社会发展和人民福祉提供优质的气象服务是发展现代农业气象业务服务的宗旨。随着现代农业的快速发展，对农业气象业务服务精细化、定量化水平需求日益增加，急需全方位、定量化的现代农业气象指标支撑。

农业气象指标是表示生产对象和农业生产过程对气象条件的要求和反映的定量值，是以气象要素的某些数值来表达它们与农业对象之间关系的一种形式，是反映气象条件对农业生产影响的特征值。农业气象指标体系的建立和完善是完善气象灾害影响评估方法、拓展农业气象业务服务领域、增强农业气象业务服务效益、规范农业气象服务产品的重要基础。

河南是我国的农业大省，气象为农服务是河南省气象部门的重要工作内容之一。随着农业结构的调整、农作物品种的更新、栽培技术的不断提高、农业气象服务对象的不断拓展，以及基层农业气象业务服务的需求不断加强，急需建立完善一套能够适应河南农业生产实际，并能基本满足农业气象服务需求的农业气象指标。鉴于此，河南省气象局组织全省各级气象部门，在多年业务服务实践经验和成果积累的基础上，针对河南省主要粮棉油作物、蔬菜、水果以及花卉药材等特色作物，汇编形成了《河南省主要作物农业气象指标集》，主要包括各类作物不同生育阶段适宜的气象指标、不利气象指标以及主要农业气象灾害指标，基本涵盖了各类作物全生育期对气象条件需求的定量化指标，可为开展农业气象精细化、定量化业务服务提供一套实用性较强的参考工具。

由于本书涉及的作物种类较多，编写过程中得到了河南省各级气象部门的大力协助。河南省气象局应急与减灾处负责组织全省各级气象部门参与本书的编写，各市(县)气象局负责相关章节初稿的编写并提供编写素材，河南省气象科学研究所负责技术设计，组织专家小组对初稿进行筛选、编辑，对送审稿反复修订等。在此，向参与支持本书编写工作的各位同志和所在单位一并表示衷心的感谢！

由于时间仓促，虽经再三校核，疏漏在所难免，敬请广大读者和同行专家批评指正。也欢迎广大农业气象业务技术人员反馈意见，以期不断改进和完善，真正发挥该书的作用和效益。

作者

2022年7月

目　录

第1章 冬小麦农业气象指标

1.1 适宜农业气象指标

1.1.1 播种—出苗期

(1)温度:适宜播种的温度指标为日平均气温15～20 ℃。种子发芽的最低气温为1～2 ℃,最适气温为15～20 ℃,最高气温为35～40 ℃。一般种子萌动至出苗需日平均气温≥0 ℃积温110～120 ℃·d,播种后7 d左右出苗较为适宜。小麦根系生长的最适气温为16～20 ℃;能耐受的最低气温为2 ℃。

(2)土壤湿度:播种时要求土壤相对湿度为65%～80%。在适宜的土壤水分条件下,小麦不仅出苗快、出苗齐,而且能促进冬前分蘖。

1.1.2 出苗—分蘖期

(1)温度:出苗—分蘖需日平均气温≥0 ℃积温达到220～240 ℃·d,日平均气温6～13 ℃,利于分蘖,出蘖平稳、粗壮。分蘖生长最快的日平均气温为13～18 ℃;一般在适宜分蘖期内,每长出一个分蘖约需日平均气温≥0 ℃积温达到70 ℃·d。越冬前日平均气温≥0 ℃积温500～600 ℃·d,有利于形成壮苗;冬前日平均气温≥0 ℃积温不足350 ℃·d,一般无冬前分蘖。

(2)土壤湿度:适宜分蘖的土壤相对湿度为70%～80%。

1.1.3 越冬期

(1)温度:日极端最低气温>－15 ℃。

(2)土壤湿度:土壤相对湿度>50%。

1.1.4 返青—拔节期

(1)温度:适宜日平均气温为3～7 ℃。

(2)土壤湿度:适宜土壤相对湿度为70%～80%。

1.1.5 拔节—抽穗期

(1)温度:拔节期适宜日平均气温为12～14 ℃,孕穗期适宜日平均气温为15～17 ℃,抽穗开花期最适日平均气温为18～20 ℃。

(2)水分:拔节—孕穗期的需水量为100～120 mm,占全生育期需水量的1/3～1/4。

(3)土壤湿度:50 cm以上土层的土壤相对湿度要维持在60%～80%。

1.1.6 开花—籽粒形成期

(1)温度:开花最适日平均气温因品种熟性略有差异,具体见表1.1。

表1.1 冬小麦开花期最适日平均气温 单位:℃

品种熟性	开花始期	开花普遍期
春性	[15.2,19.7]	[14.9,19.8]
半冬性	[16.2,20.2]	[16.1,20.4]
冬性	[16.7,20.5]	[16.0,20.4]

(2)空气湿度:晴朗微风,空气相对湿度在70%～80%利于开花授粉。

1.1.7 灌浆—乳熟期

(1)温度:灌浆最适日平均气温为20～22 ℃。在23～25 ℃时,灌浆时间缩短5～8 d;在平均气温15～18 ℃条件下,灌浆期延长。

(2)土壤湿度:适宜土壤相对湿度为60%～80%。

1.1.8 乳熟—成熟期

(1)温度:乳熟和成熟期最适日平均气温范围见表1.2。

表1.2 冬小麦乳熟和成熟期最适气温 单位:℃

品种熟性	乳熟期	成熟期
春性	[15.2,20.2]	[18.7,23.2]
半冬性	[19.7,23.3]	[21.6,26.0]
冬性	[19.3,23.3]	[21.9,25.6]

(2)土壤湿度:乳熟—成熟期的适宜土壤相对湿度指标见表1.3。

表1.3 冬小麦乳熟—成熟期的适宜土壤相对湿度指标(重量含水率) 单位:%

土层深度	褐土	潮土	砂姜黑土	黄褐土	风沙土
0～30 cm	[15,21]	[15,19]	[18,21]	[15,20]	[13,19]

1.1.9 收获期

适宜气象指标：晴好天气，无连阴雨；无大风，风力≤3级。

蜡熟末期是最适宜的收获时期。此期除茎秆上部节间仍保持绿色外，其他各部节间均变黄，穗下节间呈金黄色，籽粒背面绿色消失，胚乳变成蜡质状，籽粒可用指甲切断。如果在完熟期收获，易导致断穗落粒，造成损失。

1.2 不利农业气象指标

1.2.1 播种—出苗期

(1)温度：日平均气温低于3 ℃播种，一般年前不能出苗。日平均气温低于10 ℃播种，冬前日平均气温≥0 ℃积温低于350 ℃·d，一般无冬前分蘖；日平均气温高于20 ℃播种，常使低位蘖缺失，造成冬前拔节，不利于安全越冬。气温超过30 ℃根系生长受到抑制。

(2)土壤湿度：土壤相对湿度大于85%，地表板结或土壤湿度过大时，往往因缺乏氧气而影响种子萌发，甚至霉烂，即使勉强萌发，长势也很弱；土壤相对湿度小于60%，土壤水分不足，不利于小麦出苗，即使勉强出苗根也易早衰。

1.2.2 三叶—分蘖期

(1)温度：日平均气温低于6 ℃，分蘖受抑制，日平均气温低于3 ℃不会发生分蘖；日平均气温高于18 ℃分蘖快，易引起徒长。

(2)土壤湿度：土壤相对湿度小于55%，会抑制分蘖的产生；土壤相对湿度大于90%，则因土壤缺氧，也常常造成黄苗，分蘖迟迟不能生长。

1.2.3 越冬期

(1)温度：冬季严寒(日最低气温低于−15 ℃)或气温骤降10 ℃以上，易发生冻害。

(2)土壤湿度：越冬期间气候严寒，若土壤相对湿度小于50%，影响正常越冬。特别是土壤悬虚，导致土壤毛管断裂，水分不能供应根系生长，加重干旱影响，使植株受害、叶片发黄，严重时可致死蘖。

1.2.4 返青—拔节期

(1)水分：冬小麦返青后需水量增加，若春季降水少，则极易出现麦田干旱，当土壤相对湿度小于55%时，将影响单株有效穗数和穗部性状发育。

(2)温度:早春冷空气活动频繁,温度起伏大,易造成低温冻害。

1.2.5 拔节—抽穗期

(1)温度:冬小麦拔节后日极端最低气温低于 0 ℃时易出现晚霜冻害。

(2)光照:拔节期光照不足、连阴雨天气易引起小花退化。

(3)土壤湿度:土壤相对湿度小于 50%,小花大量退化,小穗结实率降低。

(4)水分:连阴雨大于 6 d,引起湿害,湿害发生时由于田间湿度大,经常伴随白粉病、锈病和纹枯病的蔓延。

1.2.6 开花—籽粒形成期

(1)温度:小麦开花期怕高温、干旱,小麦开花期能忍受的最低气温为 9~11 ℃,最高气温为 30 ℃,气温高于 30 ℃且土壤水分不足或伴随干热风时,影响授粉而降低结实率。

(2)空气湿度:开花期空气相对湿度小于 20%影响正常授粉,但湿度太大(空气相对湿度大于 80%)时,花粉粒易吸水膨胀破裂。

(3)水分:连阴雨天气造成麦穗结实率降低,对小麦籽粒形成影响很大。

1.2.7 灌浆—乳熟期

(1)温度:气温低于 12 ℃时,光合强度减弱,影响灌浆。

(2)降水:灌浆后期降水,特别是高温之后的降水过程,或日降水量超过 10 mm 时,雨后青枯常导致籽粒灌浆停止,灌浆速度小高峰就难以出现。

1.2.8 乳熟—成熟期

(1)温度:日平均气温低于 20 ℃,日最高气温高于 32 ℃,温度过高或过低均会影响灌浆进程,不利于增加粒重。

(2)水分:连阴雨天气大于 5 d,过程降水量大于 30 mm,不利于小麦灌浆和成熟收获。

1.3 主要农业气象灾害指标

1.3.1 干旱

冬小麦各生育阶段土壤水分指标见表 1.4。

表 1.4 土壤含水量适宜指标和干旱指标 单位:%

生育阶段	指标	沙土	壤土	黏土
播种—出苗	适宜	[60,85]	[63,88]	[67,90]
	轻旱	[53,60]	[53,63]	[63,67]
	中旱	[45,53]	[45,53]	[52,63]
	重旱	≤45	≤45	≤52
出苗—返青	适宜	[55,85]	[58,88]	[63,90]
	轻旱	[50,55]	[53,58]	[61,63]
	中旱	[40,50]	[42,53]	[50,63]
	重旱	≤40	≤42	≤50
返青—抽穗	适宜	[60,85]	[60,88]	[71,90]
	轻旱	[50,60]	[55,60]	[63,71]
	中旱	[40,50]	[43,55]	[50,63]
	重旱	≤40	≤43	≤50
抽穗—成熟	适宜	[62,85]	[64,88]	[70,90]
	轻旱	[45,62]	[54,64]	[61,70]
	中旱	[40,45]	[43,54]	[47,61]
	重旱	≤40	≤43	≤47

注:表中数据为 0～50 cm 土壤相对湿度。

1.3.2 冻害

冬小麦越冬期可以忍受一定强度的低温。一般冬季最低气温在－10 ℃以上时小麦不会发生冻害死苗现象,但当气温进一步降低到麦苗不能忍受的程度时,部分麦苗就会受冻致死。强冬性品种一般为日最低气温在－16 ℃以下,冬性品种为日平均气温在－13～－16 ℃,弱冬性品种为日平均气温在－12 ℃以下易发生冻害。

1.3.3 晚霜冻

晚霜冻是指小麦拔节后植物体温降到 0 ℃以下引起的伤害,晚霜冻指标见表 1.5。晚霜冻出现越晚,冬小麦受害越重,又以拔节后 11～15 d 即雌雄蕊分化期抗寒能力最差。

表 1.5 冬小麦拔节后的霜冻指标 单位:℃

拔节后天数(d)		1～5	6～10	11～15	>16
轻霜冻	日最低气温	[－2.5,1.5]	[－1.5,0.5]	[－0.5,0.5]	[0.5,1.5]
	叶面最低温度	[－5.5,－4.5]	[－4.0,－3.5]	[－3.0,－2.5]	－3.0
重霜冻	日最低气温	[－3.5,－2.5]	[－2.5, －1.5]	[－1.5,－0.5]	[－0.5,0.5]
	叶面最低温度	[－8.0,－5.5]	[－6.0,－4.0]	[－4.5,－3.0]	－4.0

1.3.4 干热风

冬小麦灌浆期，高温、低湿并伴有较大风速，是典型的干热风天气条件，对小麦产量有很大的影响。其具体指标见表1.6。

表1.6 小麦干热风指标

<table>
<tr><td rowspan="2">干热风</td><td>重</td><td>14时：气温≥32 ℃，空气相对湿度≤25%，风速≥3 m/s</td></tr>
<tr><td>轻</td><td>14时：气温≥30 ℃，空气相对湿度≤30%，风速≥3 m/s</td></tr>
<tr><td rowspan="2">干热风天气过程</td><td>重</td><td>连续出现2 d以上重干热风，或3 d以上轻干热风</td></tr>
<tr><td>轻</td><td>连续出现2 d以上轻干热风，或1 d轻干热风和1 d重干热风</td></tr>
<tr><td rowspan="2">干热风年型</td><td>重</td><td>一年中出现一次重干热风，或1次轻干热风和1次重干热风过程，或2次以上轻干热风过程</td></tr>
<tr><td>轻</td><td>一年中出现1～2次轻干热风过程</td></tr>
</table>

1.3.5 青枯

青枯发生的气象条件：灌浆中期有一段较高温，然后有10 mm以上降雨并伴随较强降温，雨后不久出现30 ℃以上高温，小麦不适应这一急剧变化，叶片和茎秆脱水，青枯死亡，而后扩展到全株。发生时，穗下节先由青绿变为青灰色，接着顶部小穗枯萎，炸芒，颖壳灰白，籽粒瘦秕，品质下降。降温幅度越大，雨量越大，雨后升温越猛，受害越重。

青枯是对小麦粒重影响最大的灾害，青枯指标见表1.7。一般青枯发生在乳熟后期，即小麦成熟前10 d左右，尤以成熟前5～7 d为最严重，这时小麦的生命力已较衰弱，对外界不利条件的抵抗力差。临近成熟，虽然生命力更弱，但灌浆已基本完成，发生青枯损失也不大。

表1.7 小麦青枯气象指标

<table>
<tr><td colspan="2">青枯指标</td><td>①成熟前10 d左右，过程降水量≥10 mm
②降水前后3 d内有1 d以上最高气温≥30 ℃</td></tr>
<tr><td rowspan="2">青枯等级</td><td>轻</td><td>①青枯出现在正常成熟前10 d或3 d内
②降水前后温差低于10 ℃，日最高气温有1 d高于30 ℃</td></tr>
<tr><td>重</td><td>③青枯出现在正常成熟前5～7 d
④降水前后温差低于10 ℃，有1 d以上最高气温高于30 ℃</td></tr>
</table>

1.3.6 高温

灌浆期日最高气温高于35 ℃，即使空气不干、风不大也会使灌浆期缩短。小麦外表上并无明显受害迹象，但粒重明显下降。

参考书目

北方冬小麦干热风科研协作组，1988. 小麦干热风[M]. 北京：气象出版社.

陈怀亮，邹春辉，付祥建，等，2001. 河南省小麦干热风发生规律分析[J]. 自然资源学报，16(1)：59-64.

河南省气象局，1984. 小麦干热风防御技术[M]. 郑州：河南科学技术出版社.

华北平原作物水分胁迫与干旱研究课题组，1991. 作物水分胁迫与干旱研究[M]. 郑州：河南科学技术出版社.

刘荣花，方文松，朱自玺，等，2008. 黄淮平原冬小麦底墒水分布规律[J]. 生态学杂志，27(12)：2105-2110.

许昌燊，2004. 农业气象指标大全[M]. 北京：气象出版社.

郑大玮，郑大琼，刘虎城，2005. 农业减灾实用技术手册[M]. 杭州：浙江科学技术出版社.

朱自玺，赵国强，邓天宏，1995. 冬小麦优化灌溉模型研究及其应用[J]. 华北农学报，10(4)：36-33.

第2章　夏玉米农业气象指标

2.1　适宜农业气象指标

2.1.1　播种—出苗期

（1）土壤湿度：播种时耕层适宜土壤相对湿度为70%～80%。

2.1.2　出苗—拔节期

（1）温度：苗期最适宜日平均气温为25～30 ℃，5 cm地温在20～24 ℃适宜根系生长。

（2）水分：玉米拔节前，生育阶段耗水量不超过80 mm，日耗水量不超过2.5 mm；播种—拔节耗水量占全生育期耗水量的22%以内，是一生中耗水量最少的时期。

（3）光照：日照时数达到可照时数的70%以上。

（4）土壤湿度：七叶前最适宜土壤相对湿度为60%左右，有利于蹲苗，以促进根系发育，增强中后期的抗倒抗旱能力。

2.1.3　拔节—抽雄期

（1）温度：适宜生长日平均气温为26～31 ℃。

（2）水分：此期需水量为110～135 mm，占全生育期总需水量的30%左右。

（3）光照：日照时数达到可照时数的70%以上。

（4）土壤湿度：适宜土壤相对湿度为70%～80%。

2.1.4　抽雄—开花期

（1）温度：适宜生长的日平均气温为25～28 ℃。

（2）水分：此期需水量50～60 mm，占全生育期总需水量的14%左右。

（3）光照：日照时数达到可照时数的70%以上。

（4）土壤湿度：适宜土壤相对湿度为80%左右。

（5）空气湿度：适宜空气相对湿度为65%～80%，雨过天晴伴有微风利于开花授粉。

2.1.5 灌浆—成熟期

(1)温度:适宜灌浆的日平均气温为22～24 ℃。

(2)水分:需水量130～160 mm,占全生育期总需水量的35%左右。

(3)光照:日照时数达到可照时数的70%以上。

(4)土壤湿度:适宜土壤相对湿度为70%～80%。

2.2 不利农业气象指标

2.2.1 播种—出苗期

土壤湿度:土壤相对湿度持续大于80%或小于60%时对出苗不利,出苗不齐,植株矮小,根系发育受阻。

2.2.2 出苗—拔节期

土壤湿度:土壤相对湿度小于60%对苗期生长不利,植株矮小,根系发育受阻,甚至造成叶片凋萎、植株死亡。

2.2.3 拔节—抽雄期

土壤湿度:土壤相对湿度小于60%。

2.2.4 抽雄—开花期

(1)温度:日平均气温低于24 ℃不利于抽雄,高于32 ℃或低于18 ℃不利于开花授粉。

(2)空气湿度:阴雨天气或空气相对湿度大于80%,不利于开花授粉。

(3)土壤湿度:土壤相对湿度小于15%,干旱会导致花丝枯萎,开花很少。

2.2.5 灌浆—成熟期

(1)温度:在籽粒灌浆成熟时期,日平均气温超过25 ℃或低于16 ℃,均影响酶活动,不利于养分积累和运转。15 ℃是停止灌浆的界限温度,低于20 ℃时光合作用降低,灌浆速度减慢,高于26 ℃则呼吸消耗增强,功能叶片老化加快,籽粒灌浆不足。

(2)土壤湿度:土壤相对湿度小于田间持水量的50%,会影响小麦部分籽粒发育而形成缺粒。

2.3 农业气象灾害指标

2.3.1 干旱

(1)初夏旱

5 月下旬到 6 月中旬是夏玉米的播种出苗期,若土壤相对湿度小于 60%,影响夏玉米正常播种出苗。

(2)卡脖旱

7 月下旬到 8 月中旬是夏玉米孕穗、抽雄时期,也是夏玉米一生中需水最多的时期。此期若出现干旱(俗称“卡脖旱”),会影响玉米抽雄吐丝散粉,甚至造成雌雄花期不遇,从而形成大量缺粒与秃尖,并使灌浆过程严重受阻,产量明显降低。

2.3.2 连阴雨

(1)苗期

连续降雨大于 5 d 或时段降雨量大于 100 mm,不利于冬小麦播种出苗。

(2)拔节—抽雄期

大于 10 d 的连阴雨天气过程,会延迟开花,影响结实率。

(3)花期和灌浆期

花期和灌浆期连阴雨气象等级指标见表 2.1。

表 2.1 夏玉米连阴雨气象等级指标

等级	花期	灌浆期
轻度	①连续 3~5 d 无日照 ②连续 4~6 d 日照时数≤2 h ③连续 4~7 d 出现降水过程 ④连续 5~8 d 出现降水且无降水日日照时数小于 2 h	①连续 4~5 d 无日照 ②连续 4~7 d 日照时数≤2 h ③连续 5~8 d 出现降水过程 ④连续 6~9 d 出现降水且无降水日日照时数小于 2 h
重度	①至少连续 6 d 无日照 ②至少连续 7 d 日照时数≤2 h ③至少连续 8 d 出现降水过程 ④至少连续 9 d 出现降水且无降水日日照时数小于 2 h	①至少连续 6 d 无日照 ②至少连续 8 d 日照时数≤2 h ③至少连续 9 d 出现降水过程 ④至少连续 10 d 出现降水且无降水日日照时数小于 2 h

2.3.3 涝灾

玉米在抽雄前后一般积水 1~2 d,对产量影响不太明显,积水 3 d 减产 20%左右,积水 5 d

减产40%左右。

2.3.4 花期高温

在夏玉米花期内，日平均气温≥28 ℃时，连续3 d日最高气温≥32 ℃为花期高温致灾临界阈值，连续2 d日最高气温≥35 ℃为花期高温致灾显著阈值。具体预警等级指标范围见表2.2。

表2.2 夏玉米花期高温预警气象等级指标

单位：d

预警气象等级	≥32 ℃	≥35 ℃
一级	3≤HD<5	2≤HD<3
二级	5≤HD<7	3≤HD<5
三级	HD≥7	HD≥5

注：HD表示花期高温日数。

参考书目

陈怀亮，张雪芬，1999. 玉米生产农业气象服务指南[M]. 北京：气象出版社.
方文松，朱自玺，刘荣花，等，2007. 夏玉米水分-产量反应系数研究[J]. 干旱地区农业研究，25(2)：112-114.
河南省气象标准化技术委员会，2021. 夏玉米花期高温预警气象等级[S]. 北京：气象出版社.
许昌燊，2004. 农业气象指标大全[M]. 北京：气象出版社.

第3章　沿淮(信阳)水稻农业气象指标

3.1　适宜农业气象指标

3.1.1　播种—出苗期

(1)温度:粳(籼)稻在地温(5～10 cm)、水温上升到 14 ℃(12 ℃),或连续 3 d 日平均气温稳定通过 10 ℃可播旱秧,稳定通过 12 ℃可播湿润秧。25～30 ℃为出苗最适宜气温。

(2)水分:无连阴雨天气和明显降水过程。

(3)光照:天气晴朗。

3.1.2　秧苗期

温度:秧苗期培育壮苗的适宜日平均气温为 20～25 ℃。

3.1.3　移栽—返青期

(1)温度:移栽—返青期适宜日平均气温为 20～25 ℃。粳(籼)稻要求日平均气温在 13 ℃(15 ℃)以上,日最低气温不低于 5 ℃(8 ℃)。

(2)光照:阴天弱光持续 3～5 d 有利于移栽返青。

3.1.4　分蘖期

温度:适宜日平均气温为 25～30 ℃。

3.1.5　拔节—孕穗期

温度:适宜日平均气温为 26～30 ℃。

3.1.6　抽穗—开花期

温度:适宜日平均气温为 25～30 ℃。

3.1.7 灌浆—成熟期

温度:适宜日平均气温为23~28 ℃;黄熟期适宜日平均气温为16~19 ℃。

3.2 不利农业气象指标

3.2.1 播种期

温度:播种后遇10 ℃以下低温易引起病害和烂芽;气温高于25 ℃,秧苗纤细,移栽后叶子易枯死和受病虫害。

3.2.2 秧苗期

温度:粳(籼)稻在日平均气温≤10 ℃(12 ℃)下不能出苗,在日平均气温12~18 ℃范围内,出苗速度随温度下降而明显延缓。

3.2.3 移栽—返青期

温度:日平均气温低于15 ℃或高于30 ℃难以返青。移栽后遇暴雨大风天气易引起浮秧及倒苗现象,早稻遇阴雨连绵将延迟返青。强日照易引起秧苗萎缩、返青迟缓。

3.2.4 大田分蘖期

温度:日平均气温低于18 ℃分蘖缓慢,低于16 ℃停止分蘖;日平均气温高于30 ℃易形成无效分蘖。

3.2.5 拔节—孕穗期

温度:日最低气温低于15 ℃并持续2 d以上,会产生严重空壳、瘪粒现象;日最高气温高于35 ℃,不利于孕穗。

3.2.6 抽穗—开花期

温度:日平均气温低于23 ℃(籼稻、杂交稻)或低于20 ℃(粳稻)连续3 d以上易形成空壳和瘪谷;35 ℃高温持续2 d,结实率显著降低。

3.2.7 灌浆—成熟期

温度：日最低气温低于15 ℃成熟迟延，低于12 ℃瘪粒增加。

3.3 农业气象灾害指标

3.3.1 干旱

水稻分蘖后期，降水量小于20 mm较易发生干旱。

水稻抽穗开花期易遭受干旱，降水量小于37 mm极易发生干旱。

3.3.2 冷害

分蘖前期易遭受低温冷害，日平均气温低于24.5 ℃较易发生低温冷害；24.5 ℃≤日平均气温<25.5 ℃不易发生低温冷害；日平均气温≥25.5 ℃极少发生低温冷害。

3.3.3 阴雨寡照

抽穗开花期易遭受阴雨寡照，连续≥3 d雨日(日降水量≥0.1 mm)，且日平均气温≤12 ℃，日照时数<9.5 h，过程雨量≥15 mm；或连续≥5 d阴雨(允许其中1 d阴天无雨)，且至少有3 d日平均气温≤12 ℃，日照时数<9.5 h，降雨量≥15 mm。

3.3.4 高温热害

抽穗开花期和成熟期易遭受高温危害，日最高气温为35 ℃以上时较易发生高温热害。

3.3.5 烂秧

日平均气温≤10 ℃持续3 d或以上；日最低气温≤5 ℃持续2 d或以上；日平均气温≤15 ℃且日照时数≤2 h持续7 d或以上；达到以上三条任意一条水稻易发生烂秧。

参考书目

程式华，李建，2007. 现代中国水稻[M]. 北京：金盾出版社.

冯秀藻，陶炳炎，1991. 农业气象学原理[M]. 北京：气象出版社.

龚绍先，1988. 粮食作物与气象[M]. 北京：北京农业大学出版社.

郑大玮，郑大琼，刘虎城，2005. 农业减灾实用技术手册[M]. 杭州：浙江科学技术出版社.

第 4 章　沿黄(新乡)水稻农业气象指标

4.1　适宜农业气象指标

4.1.1　播种—出苗期

温度：地温(5～10 cm)、水温上升到 12 ℃左右可以播种；日平均气温 12～15 ℃最适宜播种；日最低温度 5 ℃以上可以播种。出苗下限日平均气温为 10 ℃，最适日平均气温为 25～30 ℃，上限为 38 ℃。

4.1.2　秧苗期

温度：日平均气温 15 ℃以上正常生长，最适日平均气温为 20～25 ℃。

4.1.3　移栽—返青期

(1)温度：适宜日平均气温为 20～25 ℃。
(2)光照：阴天弱光持续 3～5 d 有利于移栽返青。

4.1.4　大田分蘖期

温度：适宜日平均气温为 25～30 ℃，最低气温为 14～16 ℃，最高气温为 38～40 ℃。

4.1.5　拔节—孕穗期

温度：幼穗分化的最适日平均气温为 26～30 ℃。日间气温为 35 ℃，夜间气温为 25 ℃时更有利于形成大穗。

4.1.6　抽穗—开花期

温度：水稻抽穗—开花期内生长发育的最适日平均气温为 25～30 ℃，日最低气温为 20 ℃，最高气温为 35 ℃，空气相对湿度为 70%～80%。晴暖的天气最有利于水稻开花授粉。

4.1.7 乳熟—成熟期

温度：乳熟—成熟期水稻生长发育的最适日平均气温为25～28 ℃，日最低气温为20 ℃，日最高气温为35 ℃。

4.2 不利农业气象指标

4.2.1 播种期

温度、水分：播种后遇10 ℃以下低温、阴雨，易引起病害和烂秧。

4.2.2 出苗期

温度：40 ℃以上高温对催芽和种子具有致死性。

4.2.3 三叶期

温度：日平均气温为10～13 ℃时生长缓慢，日平均气温低于10 ℃持续3 d以上易出现烂秧、死苗；日平均气温高于24 ℃，移栽后叶子易枯死和发生虫害。

4.2.4 移栽—返青期

(1)温度：日平均气温低于15 ℃难以返青。
(2)水分：栽后遇大风、暴雨容易引起浮秧、倒苗。
(3)光照：强日照、高温容易引起秧苗萎缩、返青迟缓。

4.2.5 大田分蘖

温度：日平均气温低于20 ℃或高于37 ℃均不利于分蘖。

4.2.6 拔节—孕穗期

温度：日最低气温低于15 ℃会产生严重空壳、瘪粒现象。

4.2.7 抽穗—开花期

(1)温度：日平均气温低于20 ℃时，对开花授粉不利。最高气温高于35 ℃时，不实率显著增加,颖花易枯焦。

(2)水分:阴雨对开花授粉不利。

(3)光照、风:日照不足,风速在 4 m/s 以上会影响开花授粉。

4.2.8 乳熟—成熟期

(1)温度:日平均气温低于 15 ℃会迟延成熟,低于 12 ℃会瘪粒增加。

(2)土壤湿度:乳熟时干旱,则田块开裂,籽粒不饱满。

(3)水分、风:成熟时遇大风、暴雨易引起倒伏掉粒,影响品质和收割。

4.3 农业气象灾害指标

4.3.1 低温冷害

秧苗生长期遇低温,尤其是三叶期以后,日平均气温低于 10～12 ℃易造成烂秧。

4.3.2 高温

水稻抽穗开花、灌浆期遇 35 ℃以上高温会受到伤害。35 ℃及以上高温持续 2 d,不实率显著增加。

4.3.3 连阴雨

4—5 月出现连续日降水量≥0.1 mm,降水日数 3 d 及以上,或连续出现 5 d 及以上(允许其中 1 d 阴天无雨)的阴雨天气过程,就会发生连阴雨灾害。

连阴雨天气带来光照不足,颖花高度不孕,光合作用受阻,碳水化合物积累与转移减少,减产幅度大。

参考书目

范磊,郑国清,赵全志,等,2013.河南省水稻气象灾害因子分析及主要灾害发生区划研究[J].中国农业资源与区划,34(6):162-168.

李静,2008.原阳县水稻种植的气象条件及其灾害的防御[J].现代农业科技,12:241.

王书玉,姬生栋,2012.新乡沿黄水稻产业状况与发展讨论[J].农家参谋种业大观,8:30-32.

尹海庆,王生轩,唐保军,等,1998.河南省沿黄稻区水稻品种稻米品质初评[J].中国稻米,3(1):28-29.

张栩,薛应征,王书玉,等,2004.河南省沿黄水稻优质高产无公害栽培技术[J].河南农业科学,9:15-16.

第5章　红薯作物农业气象指标

5.1　适宜农业气象指标

（1）温度：红薯喜高温，土壤温度在15 ℃以上才能生根，故在10 cm土壤温度达到16 ℃以上才能栽插薯苗。薯苗光合作用的适宜日平均气温为23～33 ℃，营养生长阶段适宜日平均气温为20～30 ℃，其中茎叶生长要求稍偏高，适宜日平均气温为25～30 ℃；而薯块的发育要求稍低，适宜日平均气温为21～26 ℃。温度越高含糖分越多，反之含淀粉较多。

（2）水分：红薯又是耐旱作物，根系发达，生育前期要求一定水分，后期则喜干燥；薯块形成后，遇旱停止生长，以后遇雨和较高的温度仍可恢复生长。

（3）光照：红薯喜光，强光有利于薯块形成。一般品种在日照8 h左右，可以促进开花，在日照12 h左右，有利于薯块膨大。

5.2　不利农业气象指标

（1）温度：日平均气温低于15 ℃或高于35 ℃对茎叶生长和薯块膨大不利。

（2）土壤水分：水分过多易徒长，长期积水易造成烂薯，遇涝渍则受害；长期干旱则严重减产。

5.3　农业气象灾害指标

低温冻害：日最低气温低于0 ℃，则红薯茎叶萎亡，薯块会受冻害。

参考书目

陈丙申，1994. 1992年尉氏县夏红薯淀粉含量偏低的气象条件浅析[J]. 河南气象(4)：17-18.

晏振国，2012. 河南省郸城县红薯生产的气候条件分析[J]. 北京农业(21)：178-179.

第6章　棉花农业气象指标

6.1　适宜农业气象指标

6.1.1　育苗—五真叶期

(1)温度:营养钵育苗播种的适宜条件为日平均气温稳定通过10 ℃,5 cm地温稳定在10 ℃以上,苗床温度≥20 ℃;出苗后的适宜日平均气温为18～20 ℃;移栽期5 cm日平均地温≥17 ℃,日平均气温为17～20 ℃,并且晚霜期已过。五真叶期最适日平均气温为25～27 ℃。

(2)光照:营养钵育苗期间7～10 d宜晴好天气,出苗后要求以晴天为主,光照充足,有利于培育壮苗;移栽后有3～5 d晴好天气,有利于成活,以促棉苗迅速发育早返苗。五真叶期需光照充足。

(3)土壤湿度、风:五真叶期最适土壤相对湿度为70%左右,风力小于5级。

6.1.2　蕾期—花铃期

(1)温度:蕾期一般在6月上中旬,此期间最适5 cm地温为25～28 ℃;花期一般在6月底至7月中旬,此期间最适5 cm地温为26 ℃左右;花铃期一般在7月中下旬至9月初,最适5 cm地温为22～27 ℃。

(2)光照:需要天气晴朗、光照充足,花铃期连阴雨少于5 d。

(3)土壤湿度:蕾期10～20 cm最适土壤相对湿度为70%～80%,花期10～20 cm最适土壤相对湿度为75%～85%,花铃期10～20 cm最适土壤相对湿度为80%～85%。

(4)风:风力小于5级,无冰雹天气。

6.1.3　裂铃—拔秆

晴天,风力2～3级,气温≥20 ℃,无连阴雨天气出现。

6.2 不利农业气象指标

6.2.1 育苗—五真叶期

(1)棉籽播种后遇 10 ℃以下低温,阴雨 2 d 以上(有降水且无光照),出苗慢,易形成弱苗,甚至出现烂种、烂芽、烂床、不出苗。

(2)出苗后遇风力 5 级以上、气温 15 ℃以下、连阴雨 3 d 以上(有降水且无光照),甚至出现晚霜冻等天气,不利于培育壮苗。

(3)移栽期出现 15 ℃以下低温、风力大于 5 级,不利于壮苗早发,成活率降低。

(4)五真叶期出现干旱,10 cm 土壤相对湿度在 40%以下,成活率降低。

6.2.2 蕾期—花铃期

(1)蕾期:连续 5 d 以上有降水,易使棉田病虫害发生;暴雨、冰雹、风力大于 5 级易使棉花叶片受伤,影响现蕾,生长受阻。

(2)花期和花铃期:干旱后突降暴雨,蕾、铃易脱落;夜雨影响授粉,易造成花蕾脱落;10~20 cm 土壤相对湿度在 45%以下、5 级以上大风易造成蕾铃脱落;5 d 以上连阴雨过程易发生病虫害。

6.2.3 裂铃—拔秆

土壤相对湿度≤50%,风力在 5 级以上,出现日平均气温低于 15 ℃的连阴雨天气。

6.3 农业气象灾害指标

6.3.1 苗期低温

棉花出苗后抗寒能力逐渐降低,据试验:子叶期最低气温在-4.1 ℃时,棉苗全部死亡;一真叶时最低气温在-2.7 ℃时,全部死亡;二真叶时最低气温在-1.8 ℃时,全部死亡。但经过耐寒锻炼的二真叶期棉苗,日最低温度在-2.7 ℃时,未受伤害,日最低气温在-3.2 ℃时,死亡率为 56.3%。在 4 月上旬末到中旬,正值营养钵苗床出苗后第一片真叶出现时,棉苗抗寒能力最差。虽然有地膜覆盖,但早晨棚内温度与棚外温度几乎相同,均在 0 ℃以下。发生重霜冻后叶片呈水浸状,日出后叶片呈暗绿色,萎蔫下垂,受冻轻的可部分恢复,受冻重的经日晒后干枯死亡。棉花不同苗龄的低温灾害指标见表 6.1。

表6.1 不同苗龄的低温受害指标

苗龄	刚出土		出土后4 d	出土后6 d	出土后14 d
日最低气温(℃)	−1～0	−3～−2	0	0	0
持续时间(h)	1	1	1～2	3	2～3
受害程度	发生冻害	幼苗死亡	轻微冻害	轻微冻害	50%幼苗受害

6.3.2 晚霜冻

日最低气温≤0 ℃或地面最低气温≤−2.5 ℃时，棉花遭受晚霜冻危害。

棉花在吐絮前遇霜冻危害，纤维停止发育，品质差。棉株上部及大部叶片死亡，为轻霜冻，对产量和品质影响不大；全部叶片和棉铃死亡，为重霜冻，对产量和品质影响极大。

6.3.3 干旱

棉花全生育期内的各个时期都有可能发生干旱，干旱指标为土壤相对湿度小于60%。

6.3.4 高温

当日最高气温达35 ℃以上时，对花粉活性有抑制作用。

6.3.5 倒伏

棉花花铃期棵大铃重易倒，浇水或下中雨后有4～5级风可造成部分倒伏，降水越多、风力越大，倒伏越重。

参考书目

杜传莉，2011. 黄国勤棉花主要抗旱鉴定指标研究进展[J]. 中国农学通报，27(9)：17-20.

方文松，邓天宏，1998. 棉花主要生育阶段水分指标[J]. 河南气象(2)：2-23.

冯方剑，宋敏，陈全家，等，2011. 棉花苗期抗旱相关指标的主成分分析及综合评价[J]. 新疆农业大学学报，34(3)：211-217.

李淑英，刘华伟，刘学义，等，2008. 棉花适期拔秆与气象条件的关系[J]. 农技服务，25(10)：32-33.

聂新辉，尤春源，张大伟，等，2013. 棉花抗低温生理指标和分子标记鉴定体系研究[J]. 新疆农业科学，50(1)：8-14.

武辉，侯丽丽，周艳飞，等，2012. 不同棉花基因型幼苗耐寒性分析及其鉴定指标筛选[J]. 中国农业科学，45(9)：1703-1713.

郑大玮，郑大琼，刘虎城，2005. 农业减灾实用技术手册[M]. 杭州：浙江科学技术出版社.

第 7 章 大豆农业气象指标

7.1 适宜农业气象指标

7.1.1 播种—出苗期

(1)温度:大豆播种的适宜地温为 15～20 ℃,苗期适宜地温为 22～25 ℃。
(2)光照:大豆播种期适宜日照时数在 9 h 以上。
(3)水分:大豆播种期适宜降水量为 21～75 mm,苗期适宜降水量为 138～217 mm。

7.1.2 开花结荚期

(1)温度:开花结荚期适宜日平均气温为 24～26 ℃。
(2)光照:花荚期日照时数在 7～9 h,对开花结荚有利。
(3)水分:花荚期适宜降水量为 70～130 mm。

7.1.3 鼓粒期

温度:大豆鼓粒期,下限日平均气温为 8～9 ℃,适宜日平均气温为 18～20 ℃。

7.2 不利农业气象指标

7.2.1 播种—出苗期

(1)温度:播种期地温低于 8 ℃不能发芽。
(2)水分:播种期连阴雨大于 10 d,种子易腐烂。

7.2.2 开花结荚期

(1)温度:花荚期气温低于 15 ℃或高于 30 ℃ ,对开花不利,落花严重。

(2)光照：花荚期日照时数小于 6 h，日照不足，开花量减少，造成减产。

(3)水分：连阴雨天气及空气相对湿度大于 90%或小于 20%，不利于开花，影响产量。

7.2.3 鼓粒期

(1)温度：鼓粒成熟期气温高于 30 ℃大豆成熟，易炸荚；气温低于 15 ℃不利于成熟。

(3)水分：鼓粒成熟期连阴雨大于 7 d，不利于成熟和收获。

7.3 农业气象灾害指标

7.3.1 干旱

播种期降水量小于 20 mm 不利于播种出苗。

7.3.2 成熟期大风

成熟期风力在 5 级以上，大豆成熟易炸荚。

参考书目

陈应志，2006. 大豆关键技术百问百答[M]. 北京：中国农业出版社.

河南省中牟农业学校，1984. 作物栽培学[M]. 北京：农业出版社.

刘荣花，赵国强，2014. 现代农业气象服务手册[M]. 北京：气象出版社.

彭玉梅，1999. 春大豆鼓粒期与气象条件关系的研究[J]. 内蒙古气象(3)：15-18.

任久江，王咏涛，1996. 农业减灾指南[M]. 北京：中国农业出版社.

山东农学院，1980. 作物栽培学(北方本 下册)[M]. 北京：农业出版社.

郑大玮，郑大琼，刘虎城，2005. 农业减灾实用技术手册[M]. 杭州：浙江科学技术出版社.

中国农业科学院，1999. 中国农业气象学[M]. 北京：中国农业出版社.

第8章 花生农业气象指标

8.1 适宜农业气象指标

8.1.1 播种出苗期

(1)温度:花生播种出苗期的适宜日平均气温为22～30 ℃。

(2)土壤湿度:种子发芽的适宜土壤相对湿度为50%～60%。

8.1.2 幼苗期

(1)温度:幼苗期适宜日平均气温为25～30 ℃,有利于幼苗的快速生长。

(2)光照:花生幼苗期应保证充足的光照,日照时数在8 h以上较为适宜。

(3)土壤湿度:土壤相对湿度在50%左右较为适宜。

8.1.3 开花下针期

(1)温度:这个时期适宜生长的日平均气温为23～27 ℃。

(2)光照:充足的光照条件是必要的,一般日照时数在8 h以上较为适宜。

(3)土壤湿度:开花下针期较适宜的土壤相对湿度为60%～70%。

8.1.4 结荚期

(1)温度:花生结荚期适宜的气温条件为25～33 ℃,有利于荚果的形成。

(2)光照:花生属短日照植物,结荚期较适宜的光照条件为日照时间8～10 h。

(3)土壤湿度:适宜的土壤相对湿度为50%～60%。

8.1.5 饱果成熟期

(1)温度:饱果成熟期适宜日平均气温为18～20 ℃。

(2)土壤湿度:适宜生长的土壤相对湿度为50%～60%。

8.2 不利农业气象指标

8.2.1 播种出苗期

(1)温度:当地温高于36 ℃或者低于15 ℃时,均会破坏种子的活性,导致发芽率大大降低或者不发芽。

(2)土壤湿度:当土壤相对湿度大于85%时,会造成种子霉烂;而小于50%时,种子因得不到足够的水分会使其很难发芽。

8.2.2 幼苗期

(1)温度:地温小于15.5 ℃时,幼苗停止生长;地温高于30 ℃时,幼苗由于旺长,形成弱苗,影响后期的开花结实。

(2)光照:日照小于3 h时,会出现弱苗,生长不良。

(3)土壤湿度:土壤相对湿度大于80%时,会造成根弱苗黄;土壤相对湿度小于50%时,因干旱造成幼苗萎蔫,生长不良。

8.2.3 开花下针期

(1)温度:当气温高于30 ℃或低于20 ℃时,开花明显减少;小于18 ℃时不宜生成果针,从而产生的荚果量大大减少。

(2)光照:当日照时数小于3 h时,开花量明显减少,影响产量。

(3)土壤湿度:当土壤相对湿度小于55%时,影响下针。

8.2.4 结荚期

(1)温度:当地温低于15 ℃时,荚果逐渐停止生长,形成瘪果。

(2)土壤湿度:当土壤相对湿度小于40%时,花生叶片翻白,傍晚很难恢复正常。

8.2.5 饱果成熟期

(1)温度:当气温高于35 ℃或低于15 ℃时,不利于干物质的积累。

(2)光照:日照时数小于3 h,影响花生光合作用,从而可能会导致干物质积累降低,而出现秕果。

(3)土壤湿度:当土壤相对湿度大于85%时,容易出现果仁发芽、烂果;当土壤湿度小于50%时,可能出现秕果。

8.3 农业气象灾害指标

8.3.1 低温冻害

3 月底至 4 月初，遇强冷空气侵袭，日最低气温≤−1 ℃时，幼苗受冻害死亡；开花下针期气温低于 12 ℃，且连续 3 d 以上时，则授粉不良，果实停止发育，籽粒不饱满，空壳增加。

8.3.2 春季干旱

若连续 7 d 无雨，则花药开始受旱，影响授粉；若连续 10 d 以上无雨时，则花药干枯，空粒多；若连续干旱无雨在 20 d 以上，则花药干枯凋谢，基本绝收。

8.3.3 雨季涝渍

在春花生荚果成熟阶段，若遇到暴雨或者连阴雨天气，土壤积水多，容易造成涝灾，导致花生荚果成熟慢、秕果多；已成熟的荚果容易掉荚发芽，致使产量下降。

参考书目

程曦，赵长星，王铭伦，等，2010. 不同生育时期干旱胁迫对花生抗旱指标值及产量的影响[J]. 青岛农业大学学报，27(4)：282-284.

张桂琴，2016. 沂源县花生高产气象条件分析及生产建议[J]. 现代农业科技(6)：221-222.

赵新礼，焦仁庆，2009. 气象条件对开封花生生产的影响分析[J]. 现代农业科技(14)：259-259.

朱霞，杨佃志，2012. 影响花生产量的气象学因素及对策[J]. 北京农业(15)：20-21.

第9章　油菜农业气象指标

9.1　适宜农业气象指标

9.1.1　播种—出苗期

日平均气温高于3 ℃种子开始发芽，在16～20 ℃条件下出苗迅速。

9.1.2　五叶—越冬期

对低温要求严格，需要在0～5 ℃的低温下经15～45 d以上才能进行花芽分化。

9.1.3　现蕾期

春季日平均气温在4 ℃以上才能现蕾。

9.1.4　现蕾—抽薹期

日平均气温在7 ℃以上抽薹开始，日平均气温在10 ℃以上迅速抽薹。

9.1.5　抽薹—开花期

一般日平均气温在10 ℃以上持续3～5 d，即进入花期，开花最适温度为16～25 ℃。

9.1.6　开花—盛花期

盛花期早的在3月15日，迟的在4月14日。盛花期与每年5 d滑动平均气温稳定通过10 ℃到12 ℃的中间日期密切相关。

9.1.7　盛花期—成熟期

日平均气温在6 ℃以上正常结实壮籽，20 ℃左右最为适宜；昼夜温差大，有利于营养物质的积累，种子千粒重高。最适宜的土壤相对湿度为60%～80%。

9.2 不利农业气象指标

9.2.1 播种—出苗期

油菜在苗期具有较强的抗寒能力，但叶片在气温－3～－5 ℃时开始受冻，－7～－8 ℃冻害较重；个别耐寒性极强的品种能耐－10 ℃以下的低温。

9.2.2 五叶—越冬期

日平均气温高于5 ℃花芽分化率降低。

9.2.3 现蕾期

春季日平均气温≤4 ℃无法现蕾。

9.2.4 现蕾—抽薹期

蕾薹遇0 ℃以下的低温就有受冻危险，轻者可恢复生长，重者折断枯死。

9.2.5 抽薹—开花期

日平均气温高于26 ℃，开花显著减少。

9.2.6 开花—盛花期

日平均气温4～5 ℃以下，绝大多数植株花朵不能开放。开花后如遇0 ℃左右冰雪天气则受冻致死，甚至整个花序花蕾枯萎脱落。

9.2.7 盛花期—成熟期

遇干热风天气，出现30 ℃以上高温，易造成高温逼熟。

9.3 农业气象灾害指标

9.3.1 干旱

油菜在出苗期遇连续15 d晴天无有效降水，则出现干旱。

8.3.2 冻害

油菜在苗期日最低气温低于－6 ℃时产生冻害，日最低气温大于或等于－8 ℃但低于－6 ℃产生中度冻害，日最低气温低于－8 ℃产生严重冻害。

9.3.3 晚霜冻

油菜在现蕾—抽薹期连续3 d以上日平均气温≤0 ℃左右，或者日平均气温≤5 ℃连续5 d以上，易遭受晚霜冻害。

参考书目

王明学，1999. 油菜冻害的气象条件分析及预防[J]. 气象与环境科学(1):35.
叶海龙，吴海镇，2009. 油菜生育期的气象灾害分析[J]. 浙江农业科学(3):558-561.
于建伟，王立翔，陈英慧，等，1996. 驻马店地区油菜苗期主要气象灾害特征分析及对策[J]. 气象与环境科学(3):26-27.

第10章 甘蓝型油菜农业气象指标

10.1 适宜农业气象指标

10.1.1 播种—出苗期

(1)温度:甘蓝型油菜种子萌发的最适地温为25 ℃,最低地温3～4 ℃,最高地温36～37 ℃,播种—出苗约需积温120 ℃·d。

(2)土壤湿度:土壤相对湿度为65%～75%时,适宜种子萌发出苗。

10.1.2 苗期

(1)温度:苗期叶片生长的最适日平均气温为10～20 ℃,根系生长的最适地温为10～15 ℃。

(2)土壤湿度:土壤相对湿度在60%～80%时,就能正常生长。

10.1.3 蕾薹期

(1)温度:适宜日平均气温为12～18 ℃。

(2)土壤湿度:适宜土壤相对湿度为70%。

10.1.4 开花期

(1)温度:当日平均气温达到10 ℃时,油菜开始初花,开花的适宜日平均气温为12～20 ℃,最适日平均气温为14～18 ℃。

(2)水分:无连阴雨,降水量为48 mm左右。

(3)光照:天气晴好,日照充足,累计日照时数达185 h。

(4)土壤湿度:适宜土壤相对湿度为70%～80%。

(5)空气湿度:空气相对湿度在70%～80%时,对开花比较有利。

10.1.5 荚果成熟期

(1)温度:荚果发育的适宜日平均气温为18～20 ℃;最低临界日平均气温为5 ℃。

(2)水分:无连阴雨,降水量为63 mm左右。

(3)光照:角果发育期的光照时数一般要求280 h。

(4)土壤湿度:适宜土壤相对湿度为60%。

(5)大风:成熟期无大风,风力小于3级。

10.2 不利农业气象指标

10.2.1 播种—出苗期

(1)温度:当日平均气温低于8 ℃时,发芽缓慢。

(2)水分:9月20日—10月25日降水量小于20 mm或9月20日—10月25日降水量小于100 mm,或有持续10 d的长期连阴雨,影响播种,容易造成出苗不齐。

(3)土壤湿度:土壤相对湿度小于60%影响水分吸收,出苗缓慢;土壤相对湿度大于80%则造成缺氧,出苗率降低。

10.2.2 苗期

(1)光照:光照不足,易形成弱苗,抵抗力降低。

(2)土壤湿度:若土壤干旱,土壤相对湿度小于60%则影响水分吸收,出苗缓慢;若土壤水分过多,相对湿度大于80%则造成缺氧,出苗率降低。

10.2.3 越冬期

日最低气温小于−15 ℃,越冬幼苗可能被冻死。

10.2.4 蕾薹期

(1)温度:日平均气温低于10 ℃时,现蕾缓慢;日平均气温≤0 ℃,幼蕾受冻,甚至发生裂薹现象。

(2)土壤湿度:土壤相对湿度小于60%会对油菜造成不良影响。

10.2.5 开花期

(1)温度:日平均气温低于10 ℃或大于22 ℃,开花明显减少;日平均气温低于5 ℃,开花停止;日平均气温低于0 ℃,花蕾受冻害,花果大量脱落,出现分段结荚现象;大于30 ℃,开花但很少结实。

(2)水分:连阴雨>7 d,不利于授粉。

(3)空气湿度:空气相对湿度小于60%或大于90%不利于授粉;空气相对湿度≤28%不能开花结荚。

(4)土壤湿度:土壤相对湿度大于95%或小于60%不利于开花。

10.2.6 荚果成熟期

(1)温度:日平均气温低于9 ℃影响荚果正常发育;日平均气温高于25 ℃导致器官早衰,造成逼熟。

(2)水分:连阴雨在7 d以上,易造成内涝,光照不足,秕粒增多,含油量降低,常诱发病虫害,也不利于油菜的成熟和收获。

10.3 农业气象灾害指标

10.3.1 秋旱

9月20日—10月25日降水量小于20 mm,土壤相对湿度小于60%,则影响播种。

10.3.2 秋涝

9月20日—10月25日降水量大于100 mm,土壤相对湿度大于80%,则影响播种。

10.3.3 连阴雨

播种—出苗期:若有10 d以上的长期连阴雨,则影响播种和出苗。

开花期:有7 d以上的连阴雨,则影响授粉。

荚果成熟期:若连阴雨在7 d以上,则油菜容易生芽,不利于油菜的成熟和收获。

10.3.4 低温冷害

开花期:温度偏低,日平均气温低于10 ℃,开花量明显减少;日平均气温低于5 ℃,开花停止。

10.3.5 晚霜冻

开花期:3 月下旬至 4 月上旬日最低气温≤4 ℃,地面日最低气温≤4 ℃,油菜叶茎受冻,不利于开花授粉。

10.3.6 冻害

越冬期:日最低气温低于－15 ℃,越冬幼苗可以冻死。

蕾苔期:日最低气温≤0 ℃,幼蕾受冻。

开花期:日最低气温低于 0 ℃,花蕾受冻。

参考书目

刘荣花,赵国强,2014.现代农业气象服务手册[M].北京:气象出版社.

王春乙,娄秀荣,王建林,2007.中国农业气象灾害对作物产量的影响[J].自然灾害学报,16(5):37-43.

周冬梅,张仁陟,孙万仓,等,2014.北方旱寒区冬油菜种植气候适宜性研究[J].中国农业科学,47(13):2541-2551.

第11章　芝麻农业气象指标

11.1　适宜农业气象指标

11.1.1　播种—出苗期(5～7 d)

(1)温度:有利于芝麻发芽出苗的适宜地温为24～32 ℃。

(2)水分:降水量小于150 mm,无连阴雨和雨涝。

(3)光照:日照充足,天气晴好,日照时数大于120 h。

(4)土壤湿度:土壤相对湿度在70%左右,5 d左右基本齐苗。

11.1.2　苗期(出苗—现蕾期40～60 d)

(1)温度:日平均气温在20 ℃以上幼苗能正常生长,且随着温度升高生长速度加快。积温大于500 ℃·d(日平均气温≥20 ℃),无低温冷害发生。

(2)水分:降水量小于150 mm,无连阴雨和雨涝。

(3)光照:光照充足,天气晴好,日照时数大于200 h。

11.1.3　花蒴期(开花—蒴果形成30～40 d)

(1)温度:日平均气温高于26 ℃,积温小于1000 ℃·d(日平均气温≥20 ℃),有利于芝麻开花和结蒴果。

(2)水分:降水量为150～300 mm,无明显的连阴雨和内涝。

(3)光照:天气晴好,日照时数长,日照时数>300 h为适宜。

11.1.4　成熟期(蒴果形成—成熟20 d左右)

(1)温度:日平均气温高于23 ℃,积温大于500 ℃·d(日平均气温≥20 ℃),有利于芝麻成熟。

(2)水分:无连阴雨,降水量小于100 mm。

(3)光照:天气晴好,日照时数在120 h以上为适宜。

(4)无大风,风力≤4级。

11.2 不利农业气象指标

11.2.1 播种—出苗期

(1)温度:当日平均气温升高到 40 ℃以上时,发芽缓慢,气温<12 ℃或≥50 ℃种子都不能发芽。日平均气温低于 20 ℃,播种后一般需 7 d 以上出苗,温度越低需时越长。

(2)水分:降水量大于 150 mm,或有 10 d 以上的长期连阴雨,影响播种,容易造成出苗不齐。

(3)土壤湿度:若土壤干旱,土壤相对湿度小于 60%则出苗缓慢;土壤水分过多,土壤相对湿度大于 90%则土壤通气不畅,出苗率降低。

11.2.2 苗期(出苗—现蕾期 40~60 d)

(1)温度:温度偏低,日平均气温小于 17 ℃,积温小于 500 ℃·d(日平均气温≥20 ℃),有低温冷害。

(2)水分:降水量>150 mm;有 10 d 以上长期连阴雨,因雨涝时期长,导致苗期易形成"高腿"和草荒,影响苗期正常生长,严重时造成全田废弃。

(3)光照:光照不足,日照时数小于 100 h,易形成苗弱,抵抗力降低。

11.2.3 花蒴期(开花—蒴果形成 30~40 d)

(1)温度:温度偏低,日平均气温小于 18 ℃,积温小于 700 ℃·d(日平均气温≥20 ℃)。

(2)水分:有 7 d 以上连阴雨,或降水量大于 300 mm,并有内涝,造成花蒴率降低,从而影响产量。

(3)光照:光照不足,日照时数小于 300 h,影响花蒴期的光合作用。

(4)连续无雨日数大于 10 d,降水量小于 120 mm,因干旱少雨开花结蒴率降低。

11.2.4 成熟期(蒴果形成—成熟 20 d 左右)

(1)温度:温度≥35 ℃,易炸蒴;日平均气温≤20 ℃,热量不足,不利于成熟。

(2)水分:连阴雨大于 7 d,内涝,降水量>100 mm,芝麻易生芽,不利于芝麻的成熟和收获。

(3)光照:光照不足,日照时数小于 120 h,对芝麻的产量和品质有很大影响。

(4)大风,风力≥5 级,芝麻易炸蒴。

11.3 农业气象灾害指标

11.3.1 干旱

若土壤干旱,土壤相对湿度低于60%,则出苗缓慢。花荫期连续无雨日数>10 d,降水量小于120 mm,则易发生干旱。

11.3.2 雨涝

播种—出苗期:降水量>150 mm,土壤水分过多,土壤相对湿度>90%,则土壤通气不畅,出苗率降低。

花荫期:降水量>300 mm,并有内涝,造成花荫率降低从而影响产量。

成熟期:降水量>100 mm,芝麻易生芽,不利于芝麻的成熟和收获。

11.3.3 连阴雨

苗期:有10 d以上的长期连阴雨,因雨涝时期长,导致苗期易形成"高腿"和草荒,影响苗期正常生长,严重者造成全田废弃。

花荫期:有7 d以上连阴雨,造成花荫率降低,从而影响产量。

成熟期:连阴雨大于7 d,芝麻易生芽,不利于芝麻的成熟和收获。

11.3.4 低温冷害

苗期:温度偏低,日平均气温小于17 ℃,积温小于500 ℃·d,易发生低温冷害。

花荫期:温度偏低,日平均气温小于18 ℃,积温低于700 ℃·d,易造成低温冷害。

参考书目

王震庭,1986.驻马店地区芝麻产量与气象条件的关系[J].中国油料作物学报(3):50-51.

徐芬芬,杜佳朋,2013.干旱胁迫和盐胁迫对芝麻种子萌发的影响[J].种子,32(11):85-86.

周萌,李国强,张建涛,等,2016.盛花期渍水后芝麻干物质积累分配及产量变化[J].中国油料作物学报,38(5):598-611.

第 12 章　烟草农业气象指标

12.1　适宜农业气象指标

12.1.1　苗床期(播种—七真叶)

(1)温度:播种时间一般为 4 月下旬至 5 月上旬。种子发芽期的最适宜日平均气温为 24～29 ℃,能耐受的最高气温为 35 ℃,能耐受的最低气温为 8～10 ℃。日最低气温在 8 ℃以上,种子可以萌发,幼苗可以生长,但是日最低气温在 10 ℃以下生长缓慢。

(2)光照:苗期每天日照时数以 8 h 左右为宜。

(3)土壤湿度:播种至两片真叶,土壤相对湿度以 70%左右为宜,在大"十字期",适当控制水分有利于根系发育,竖叶期至成苗耗水量较大,需保持土壤湿润,在移栽前 10～15 d 停止供水,进行炼苗。

12.1.2　还苗期(移栽—成活)

(1)温度:适宜日平均气温≥18 ℃,能耐受的最高气温为 38 ℃,最低气温为 12～13 ℃。

(2)水分:还苗期月降雨量应为 50～80 mm。

(3)土壤湿度:土壤相对湿度以 70%左右为宜。

12.1.3　伸根期(还苗—团棵)

(1)温度:伸根期烟草生长的适宜日平均气温为 23～25 ℃。

(2)水分:月降雨量以 80 mm 左右为宜。

(3)土壤湿度:土壤相对湿度以 70%为宜。

12.1.4　旺长期(团棵—现蕾)

(1)温度:最适宜日平均气温为 25～28 ℃。

(2)水分:月降雨量以 100～200 mm 为宜。

(3)土壤湿度:土壤相对湿度以 80%为宜。

(4)光照:旺长期对光照的要求较高,每天光照时数以不小于 8 h 为宜。

12.1.5 成熟期(现蕾—采收结束)

(1)温度:最适宜日平均气温为 20～25 ℃,至少持续 30 d 以上。

(2)水分:月降雨量为 100 mm 左右为宜。

(3)土壤湿度:土壤相对湿度以 60%～70%为宜,此期水分稍少可提高烟叶品质。

12.2 不利农业气象指标

12.2.1 苗床期(播种—七真叶)

(1)温度:烟草苗期若棚内温度过高,超过 35 ℃时,揭膜不及时易造成热害,烟苗叶片变褐,死亡。若温度过低,有时出现持续寒流,棚温夜间陡降,会造成幼苗冷害。

(2)土壤湿度:苗期棚内湿度过大,持续 3 d 相对湿度保持在 80%以上时,易造成烟叶黑胫病、炭疽病、根黑腐病及野蛞蝓等病虫害。

12.2.2 还苗期(移栽—成活)

(1)温度:还苗期气温持续几天≥35 ℃,会对幼苗造成伤害,降低幼苗移栽的成活率。

(2)土壤湿度:苗期田间土壤相对湿度低于 60%,则烟草生长受阻,相对湿度高于 80%,根系生长较差,对后期生育不利,且易引发烟叶根黑腐病。

12.2.3 伸根期(还苗—团棵)

(1)温度:移栽到团棵期,如果日平均气温低于 13 ℃且持续 7 d 以上,将导致早花现象。

(2)土壤湿度:田间土壤相对湿度低于 60%,则生长受阻;相对湿度高于 80%,根系生长较差,对后期生育不利。

12.2.4 旺长期(团棵—现蕾)

(1)温度:烟草旺长期若日平均气温低于 18 ℃,则烟草生长受阻。

(2)土壤湿度:田间土壤相对湿度低于 70%,则烟草生长受阻;相对湿度高于 90%且温度适宜时易引发病虫害。

12.3 农业气象灾害指标

12.3.1 冷害

当气温低于10 ℃时,烟草生长受阻。烟叶在苗期能忍受短时0 ℃左右的低温,但易造成冷害,致使幼苗心叶呈现"黄瓣"。若长时间处于−2～3 ℃的低温,则植株死亡。

12.3.2 热害

棚内气温持续高于38 ℃,则出现热害,烟苗叶片变褐,死亡。

12.3.3 风灾

叶片成熟时遇风速≥10 m/s就能造成危害,轻则擦破叶片,降低品质;重则烟株倒伏或叶片折断。

参考书目

[坦]阿克赫斯特·布·卡,1990. 烟草栽培加工与化学[M]. 上海:上海交通大学出版社.
刘国顺,2003. 烟草栽培学[M]. 北京:中国农业出版社.
刘荣花,赵国强,2014. 现代农业气象服务手册[M]. 北京:气象出版社.
毛留喜,魏丽,2015. 特色农业气象服务手册[M]. 北京:气象出版社.
王震庭,1986. 驻马店地区芝麻产量与气象条件的关系[J]. 中国油料作物学报(3):50-51.
徐芬芬,杜佳朋,2013. 干旱胁迫和盐胁迫对芝麻种子萌发的影响[J]. 种子,32(11):85-86.
张保振,黄元炯,1996. 烟叶生产流通质量管理[M]. 北京:中国农业科技出版社.
周萌,李国强,张建涛,等,2016. 盛花期渍水后芝麻干物质积累分配及产量变化[J]. 中国油料作物学报,38(5):598-611.

第13章 茶树(信阳毛尖)农业气象指标

13.1 适宜农业气象指标

13.1.1 芽膨大期

3月日平均气温达到7～10 ℃时,芽开始萌动。

13.1.2 鱼叶展开期

气温在14～16 ℃鱼叶开始伸长展开,17～30 ℃时生长迅速。

13.1.3 一真叶—三真叶期

适宜日平均气温≥18.0 ℃。

13.1.4 采摘期

采收前10～20 d日平均气温在10～15 ℃,特别是采摘前3～5 d日平均气温为13～18 ℃时适宜采摘。

13.1.5 秋梢停止生长期

日平均气温逐渐下降到10 ℃左右(约在11月中旬)时,茶树最后一轮生长的秋梢将停止生长,而转入冬眠阶段。

13.2 不利农业气象指标

13.2.1 芽膨大期

一般日最低气温达－10 ℃时,开始受冻,－13～－12 ℃时,嫩梢、芽叶受冻较重。

13.2.2 鱼叶展开期

春茶萌发后受害的霜冻指标为日最低温度降至1 ℃。

13.2.3 一真叶—三真叶期

若气温高于25 ℃或低于18 ℃时,则新梢生长缓慢。

13.2.4 采摘期

当空气相对湿度低于60%时,茶叶的产量、质量都较差。日最低气温降至5 ℃易引起僵化。清明至谷雨期间若出现连阴雨天气,则造成茶叶不能及时采摘,影响茶叶的经济效益。

13.2.5 休止期

若气温高于25 ℃时,则茶芽生长缓慢。

13.2.6 茶树花芽分化期和开花期

在花蕾形成后期,若气温低于−2 ℃,则茶花不能开放;若低于−5～−4 ℃,则茶树花器将大部分死亡。

13.2.7 果实成熟—采摘期

若气温高于35 ℃时,茶树生长受到抑制。

13.2.8 秋梢停止生长期

当最低气温降至−6 ℃左右,连续冻结6 d,茶树嫩梢就会受不同程度的冻害;日最低气温降至−8 ℃左右,连续冻结12 d以上,就能引起严重的冻害,会使茶树嫩梢冻死,老叶变黄。

13.2.9 年终休止期(停采期、封园期)

一般日最低气温降至−10 ℃时,开始受冻。

13.3 农业气象灾害指标

13.3.1 冻害

日最低气温>−7 ℃或负积温>−30 ℃·d(日平均气温0 ℃以下)不易形成冻害。

茶树在休止期(从12月到次年2月),在以下几种情况时,易形成冻害:

(1)−12 ℃<日最低气温≤−7 ℃,−40℃·d<负积温≤−30℃·d易形成轻度冻害;

(2)−15 ℃<最低气温≤−12 ℃,−50 ℃<负积温≤−40 ℃易形成中度冻害;

(3)日最低气温≤−15 ℃,负积温≤−50 ℃·d形成重度冻害。

13.3.2 晚霜冻

茶树在鱼叶展开期易遭受晚霜冻害,早春气温稳定回升至10 ℃以上,茶芽萌发,如遇气温骤降至低于10 ℃时茶芽叶尖变红,重则造成成片芽叶焦枯,又称"倒春寒"。

13.3.3 早霜冻

茶树在休止期的12月易遭受早霜冻害。若发生在深秋季节,当昼夜平均气温均在0 ℃以下,或有强寒潮南下,使气温猛降,出现0 ℃以下的最低气温,此时茶树易发生冻害现象。

13.3.4 干旱

当土壤相对湿度下降至30%时,茶树的生长活动完全停止。

13.3.5 高温热害

当连续3 d以上出现空气相对湿度低于50%,日最高气温高于35 ℃时,叶片蒸腾作用加强,茶树出现焦斑、焦叶、顶芽与嫩梗萎缩甚至整株枯萎落叶等高温危害症状。

参考书目

黄寿波,1981.茶树生长的农业气象指标[J].农业气象,2(3):54-58.

李倬,贺龄萱,2005.茶与气象[M].北京:气象出版社.

刘荣花,赵国强,2014.现代农业气象服务手册[M].北京:气象出版社.

毛留喜,魏丽,2015.特色农业气象服务手册[M].北京:气象出版社.

袁国强,李培玉,2004.河南信阳茶叶资源环境优势及发展[J].山地学报,22(6):772-775.

浙江农业大学,1979.茶树栽培学[M].北京:农业出版社.

第 14 章　苹果农业气象指标

14.1　适宜农业气象指标

14.1.1　越冬期

日最低气温高于－14 ℃，且变温幅度不宜过大。

14.1.2　萌芽花蕾期

(1)温度：适宜日平均气温为 10～20 ℃。

(2)土壤湿度：发芽前期，土壤相对湿度以 60%～70%为宜。

14.1.3　花期

(1)温度：适宜日平均气温为 15～25 ℃。

(2)土壤湿度：适宜土壤相对湿度为 60%。

(3)光照：微风晴好天气有利于果树授粉，提高果实授粉结实率。

14.1.4　幼果发育春梢速长期

(1)温度：当日平均气温≥10 ℃时，春梢开始生长，适宜温度：15～20 ℃。

(2)土壤湿度：适宜土壤相对湿度为 60%～70%。

14.1.5　果实膨大春梢停长期

(1)温度：适宜的日平均气温为 15～26 ℃。当气温≥20 ℃时春梢停止生长，但由于树势不同，会有所差异。

(2)土壤湿度：适宜土壤相对湿度为 80%左右。

14.1.6 果实膨大花芽分化期

温度:适宜的日平均气温为 18～26 ℃。

14.1.7 果实膨大早熟品种采收期

温度:适宜的日平均气温为 18～26 ℃。

14.1.8 果实着色中熟品种采收期

(1)温度:适宜的日平均气温为 15～23 ℃。
(2)光照:光照充足,每天日照时数不少于 5 h。

14.1.9 晚熟品种成熟期

(1)温度:适宜的日平均气温为 13.5～20 ℃,在适宜温度范围内,低温有利于果实着色。
(2)光照:光照充足,每天日照时数不少于 5 h,有利于着色。

14.1.10 落叶期

温度:适宜的日平均气温为 5～10 ℃。

14.2 不利农业气象指标

14.2.1 越冬期

温度:日最低气温低于－14 ℃,易发生冻害。季节交替时,剧烈降温易发生冻害。

14.2.2 萌芽花蕾期

(1)温度:日最低气温低于 4.4 ℃发芽受抑制。
(2)土壤湿度:土壤相对湿度低于 50%,花芽生长量不足。

14.2.3 花期

(1)温度:气温降至－2.0 ℃,花器冻死,子房受冻。

(2)光照:连续降水日数大于 5 d,将影响授粉,降低成花率。

(3)土壤湿度:若发生春季干旱,则会使花期缩短。

(4)风:风速 6～7 m/s 或以上,影响授粉。

14.2.4 幼果发育春梢速长期

(1)温度:日平均气温低于 10 ℃。

(2)土壤湿度:土壤相对湿度低于 50%,会使新梢生长量不足。

14.2.5 果实膨大春梢停长期

(1)温度:日最高气温≥30 ℃,会影响花芽的分化进程,尤以 35 ℃以上高温天气影响最大。

(2)水分:连阴雨天气影响果实品质,易于病虫害发生发展。

(3)土壤湿度:土壤相对湿度低于 50%影响果实膨大。

(4)其他:出现局地冰雹、暴雨等强对流天气。

14.2.6 果实膨大花芽分化期

(1)温度:日最高气温≥35℃。

(2)土壤湿度:土壤相对湿度低于 50%。

(3)其他:出现局地冰雹、暴雨等强对流天气。

14.2.7 果实膨大早熟品种采收期

(1)温度:日最高气温≥35 ℃。

(2)土壤湿度:土壤相对湿度低于 50%。

(3)其他:出现局地冰雹、暴雨等强对流天气。

14.2.8 果实着色中熟品种采收期

(1)温度:日平均气温大于 25 ℃时,果实基本不着色,影响品质。

(1)风速:风速大于 6 m/s。

(3)其他:秋季连阴雨。

14.2.9 晚熟品种成熟期

(1)风:风速大于 6 m/s。

(2)其他:秋季连阴雨。

14.2.10　落叶期

温度:季节交替时剧烈降温。

14.3　农业气象灾害指标

14.3.1　干旱

(1)春旱:出现在3—5月,连续50 d以上总降雨量≤30 mm,土壤相对湿度≤50%。

(2)夏旱:出现在6—8月,连续20 d以上总降雨量≤30 mm,土壤相对湿度≤50%。

(3)冬旱:出现在12月至次年2月,土壤相对湿度≤50%。

14.3.2　低温冷害

春季低温常伴随寒潮等发生,当气温降至−2.8～−4 ℃时花芽受冻,开花期气温降至−2 ℃,花器冻死,子房受冻。

14.3.3　冰雹

夏季或春夏之交出现直径大于1 cm的冰雹。

14.3.4　高温热害

(1)气温在30 ℃以上果实膨大缓慢。

(2)气温超过35 ℃则停止生长,且易造成“日灼”现象。

参考书目

陈新平,2009.苹果新优品种及优质高效栽培技术[M].郑州:中原农民出版社.

刘荣花,赵国强,2014.现代农业气象服务手册[M].北京:气象出版社.

毛留喜,魏丽,2015.特色农业气象服务手册[M].北京:气象出版社.

王少敏,于青,2008.苹果优质高效安全生产技术[M].济南:山东科学技术出版社.

袁文忠,索继军,杨选朝,等,2009.地理标志产品.灵宝苹果:GB/T 22740—2008[S].北京:中国标准出版社.

中国农业科学院,1999.中国农业气象学[M].北京:中国农业科学技术出版社.

第15章　宁陵酥梨农业气象指标

15.1　适宜农业气象指标

15.1.1　萌芽期

(1)温度:日平均气温 3～10 ℃。

(2)水分:降水量 30～40 mm。

15.1.2　开花期

(1)温度:日平均气温≥11 ℃,授粉适宜温度为 15～17 ℃。

(2)天气晴朗;微风。

15.1.3　幼果膨大期

(1)温度:日平均气温 17～22 ℃。

(2)水分:水分充足,降水量 30～40 mm。

15.1.4　花芽形态分化前期

(1)温度:日平均气温 23～26 ℃。

(2)水分:水分充足,降水量 120～140 mm。

15.1.5　果实迅速膨大期

(1)温度:日平均气温 20～27 ℃。

(2)水分:水分充足,降水量 290～320 mm。

15.1.6　采收期

天气晴朗;微风。

15.1.7 休眠期

(1)温度:日平均气温−5～15 ℃。
(2)水分:降水量 70～100 mm。

15.2 不利农业气象指标

15.2.1 萌芽期

水分:春季降水量不足 10 mm。

15.2.2 开花期

风:风力≥4 级大风。

15.2.3 幼果膨大期

(1)温度:日平均气温低于 16 ℃。
(2)风:风力≥5 级大风。

15.2.4 花芽形态分化前期

(1)温度:日平均气温低于 16 ℃。
(2)风:风力≥5 级大风。

15.2.5 果实迅速膨大期

(1)温度:日平均气温低于 16 ℃。
(2)风:风力≥5 级大风。

15.2.6 采收期

风:风力≥4 级大风。

15.2.7 休眠期

温度:强寒潮(48 h平均气温下降10 ℃);日最低气温低于-14 ℃。

15.3 农业气象灾害指标

15.3.1 晚霜冻

气温在0 ℃以下,花和芽均可受害,气温下降到-4~-6 ℃,受冻害的花可达7~8成,气温越低受害程度越重。

15.3.2 大风

6—8月,风力≥8级;8—9月,风力>6级,易造成梨园严重的落果,且梨果个头儿越大越接近成熟,可承受的风力越小。

15.3.3 冰雹

冰雹灾害从4—9月都可出现,冰雹灾害的特点是:来势猛,预防不及,造成落果。

参考书目

吕波,郭超峰,2011. 梨标准化生产田间操作手册[M]. 北京:化学工业出版社.

第16章 爱宕梨农业气象指标

16.1 适宜农业气象指标

16.1.1 萌芽期

(1)温度:日平均气温上升到5 ℃以上,梨树地上部分开始活动,日平均气温在7 ℃以上开始萌芽,8 ℃左右开始生长,适宜温度为10~14 ℃,14 ℃以上进入活跃期。

(2)水分、光照:降水适宜、光照充足有利于萌芽发育生长。

(3)土壤湿度:适宜土壤相对湿度为60%~70%。

16.1.2 开花期

(1)温度:开花期以日平均气温14~20 ℃为适宜。萌发后日平均气温≥7 ℃的积温为150 ℃·d即可开花。

(2)土壤湿度:适宜土壤相对湿度为60%~70%。

(3)风:风力3级左右对扬花授粉有利。

16.1.3 新梢生长及花芽分化期

(1)温度:春梢旺盛生长期的适宜日平均气温为15 ℃,花芽分化的适宜日平均气温为20 ℃左右。

(2)土壤湿度:新梢生长前期土壤相对湿度以80%左右为宜,新梢生长后期(花芽分化期)土壤相对湿度以60%左右为宜。

16.1.4 果实膨大期

(1)温度:适宜的日平均气温为20~25 ℃,气温日较差大于或接近10 ℃为宜。

(2)光照:每日日照时数不低于6~8 h。

(3)土壤湿度:果实膨大期土壤相对湿度以65%~75%为宜。

(4)空气湿度:空气湿度以60%~80%为宜。

16.1.5 果实成熟期

(1)温度:适宜日平均气温为15～20 ℃。

(2)水分:降水适宜,空气相对湿度以60%～80%为宜。

(3)光照:平均日照时数不少于5 h。

(4)风:风力小于4级。

16.1.6 落叶休眠期

温度:日平均气温低于3～10 ℃时,开始落叶,进入休眠期。

16.2 不利农业气象指标

16.2.1 萌芽期

(1)温度:日最低气温低于0 ℃时宜形成晚霜冻。

(2)土壤湿度:土壤相对湿度高于80%,透气性差;低于40%,干旱缺水,均不利于梨树萌芽和发育生长。

16.2.2 开花期

(1)温度:日最低气温低于5 ℃时,花粉管即受冻。日最低气温在－1～－3 ℃时花器就要遭受不同程度的伤害。

(2)土壤湿度:土壤相对湿度高于80%,透气性差;相对湿度低于40%,则干旱缺水,对正常开花授粉影响较大。

(3)风:树冠外风速达3 m/s时开始落花,达10 m/s时大量落花。

16.2.3 新梢生长及花芽分化期

(1)温度:30 ℃以上高温影响花芽的分化进程,尤以35 ℃以上高温天气影响最大。

(2)土壤湿度:新梢生长前期土壤相对湿度低于60%;新梢生长后期(花芽分化期)土壤相对湿度高于80%或饱和时,易造成春梢生长期推迟或停止,降低花芽形成率。

16.2.4 果实膨大期

(1)温度:气温高于35 ℃时发生日灼。

(2)风:出现 8 级以上大风落果严重。

16.2.5 果实成熟期

(1)日平均气温高于 30 ℃时,果子着色差。

(2)光照:日照时数不足 5 h,影响果实品质。

(3)风:当风力在 4 级以上时,使果子脱落、碰伤。

16.3 农业气象灾害指标

16.3.1 低温冻害

进入萌芽期后出现低于 5 ℃气温,易发生冻害。不同生育阶段的冻害指标不同,现蕾期为 −5 ℃,花序分离期为 −3.5 ℃,开花期 1~2 d 为 −1.5~−2 ℃,开花当天为 −1.5 ℃。

16.3.2 晚霜冻

进入萌芽期后出现 0 ℃以下低温易造成晚霜冻天气。

16.3.3 大风

开花期树冠外风速达 3 m/s 时开始落花,10 m/s 时大量落花;果实膨大期以后风力达到 5 级以上就会不同程度受灾,8 级以上大风直接造成损失。

16.3.4 连阴雨

连续 3 d 以上出现阴雨寡照天气就开始出现危害。

16.3.5 高温

果实膨大期气温高于 35 ℃时易发生日灼;在成熟后期,日平均气温高于 30 ℃时,果子着色差。

参考书目

何福现,2008.爱宕梨栽培管理关键技术要点[J].农业科技通讯(10):153-155.

刘学琦,2005.爱宕梨早结丰产栽培技术[J].四川农业科技(11):27.

第 17 章　葡萄农业气象指标

17.1　适宜农业气象指标

17.1.1　树液流动期

(1)温度:欧洲种葡萄在根系分布层土壤温度上升至 7～9 ℃时开始出现伤流;美洲种葡萄和河岸葡萄土壤温度为 7～8 ℃,山葡萄土壤温度为 4.5～5.2 ℃,山欧杂交种葡萄土壤温度为 4～4.5 ℃,欧美杂交种葡萄土壤温度为 5～5.2 ℃。

(2)土壤湿度:适宜的土壤相对湿度为耕作层 70%～80%。

(3)空气湿度:适宜的空气相对湿度在 80%以上。

17.1.2　萌芽与花序生长期

(1)温度:适宜日平均气温为 14～16 ℃

(2)土壤湿度:适宜土壤相对湿度为 70%～80%。

17.1.3　开花期

(1)温度:日平均气温达到 20 ℃时葡萄开始开花。适宜气温为 20～25 ℃,气温略偏高有利于开花。

(2)土壤湿度:适宜土壤相对湿度为 65%～70%。

(3)空气湿度:适宜空气相对湿度为 50%左右。

17.1.4　浆果生长期

(1)温度:适宜气温为 25～28 ℃;当气温低于 20 ℃时浆果糖分积累及成熟过程变慢。

(2)土壤湿度:适宜土壤相对湿度为 70%～80%。

17.1.5　浆果成熟期

(1)温度:适宜日平均气温为 28～32 ℃,昼夜温差大于 10 ℃时含糖量显著提高。

(2)土壤湿度:适宜土壤相对湿度为55%～65%。

17.1.6 枝蔓老熟期

(1)土壤湿度:适宜土壤相对湿度为70%～80%。

(2)空气湿度:适宜空气相对湿度为70%左右。

17.1.7 休眠期

温度:适宜日平均气温为0～3 ℃,日最低气温应控制在−2 ℃以上。芽眼过冬可耐受的最低气温:欧亚种−15～−10 ℃,美洲种−22～−18 ℃。根系过冬最低气温:欧亚种−5～−4 ℃,美洲种−11 ℃,山葡萄−15～−14 ℃,山欧杂交种−12 ℃。

17.2 不利农业气象指标

17.2.1 萌芽与花序生长期

(1)温度:气温低于−4 ℃时芽眼受冻,芽眼萌发后,气温低于−1 ℃会造成梢尖和幼叶冻伤,0 ℃时花序受冻,并显著抑制新梢生长。

(2)土壤湿度:土壤相对湿度≤50%对新梢生长和叶面积扩大以及叶幕形成不利。

17.2.2 开花期

(1)温度:一般开花期气温不宜低于14 ℃,当气温低于14 ℃时影响开花,引起受精不良,子房大量脱落;高于28 ℃时花粉活力降低,高于35 ℃时导致花粉受损。

(2)空气湿度:当空气相对湿度大于80%或小于30%时对葡萄开花授粉都有不利影响。

17.2.3 浆果生长期

土壤湿度:土壤相对湿度≤55%会抑制果实的细胞分裂和膨大,不利于产量提高。

17.2.4 浆果成熟期

(1)温度:气温低于14 ℃时果实不能正常成熟;35～40 ℃的高温导致叶片特别是果实发生不同程度的日烧病。

(2)土壤湿度:土壤相对湿度≤40%易导致枝叶生长缓慢。

17.2.5 枝蔓老熟期

温度:气温骤降10 ℃以上并降至0 ℃以下,未经过抗寒锻炼的枝条易受冻致死。

17.2.6 休眠期

温度:欧亚种在−18 ℃极端低温持续3～5 d会造成芽眼冻害。冬季极端气温在−15～−14 ℃或以下时,葡萄需要埋土防寒越冬。

17.3 农业气象灾害指标

17.3.1 干旱

萌芽与花序生长期:土壤相对湿度≤50%对新梢生长和叶面积扩大以及叶幕形成不利。

浆果生长期:土壤相对湿度≤55%抑制果实的细胞分裂和膨大。

浆果成熟期:土壤相对湿度≤40%易导致枝叶生长缓慢。

17.3.2 冻害

浆果成熟期气温降至−5～−3 ℃时叶片和浆果受冻。

17.3.3 晚霜冻

芽在气温低于−4 ℃,嫩梢、幼叶在气温为−1 ℃,花序在气温为0 ℃时易发生冻害并抑制新梢生长。

17.3.4 日烧病

35～40 ℃的高温会导致植株水分生理异常,使叶片特别是果实发生不同程度的日烧病。

参考书目

李华,王华,2015.中国葡萄气候区划[M].杨凌:西北农林科技大学出版社.

王建英,时凤云,许庆娥,等,2010.濮阳温室葡萄的管理技术与气象条件[J].中国农村小康科技(4):24-26,65.

吴春霞,李博,2010.石河子垦区葡萄发育期适宜气象条件分析[J].新疆农垦科技(6):56-58.

祝康,罗琴,蔡霞,2010.农业气象灾害对葡萄生产的影响及防灾减灾措施[J].四川农业科技(9):36-37.

第 18 章　新郑大枣农业气象指标

18.1　新郑枣树物候期

新郑大枣分为灰枣和玲枣两个品种，各个品种的物候期如表 18.1 所示。

表 18.1　新郑枣树物候期

品种	萌芽	抽枝展叶	开花	白熟	果红	落叶
灰枣	4 月 5 日	4 月 16 日	5 月 15 日	8 月 25 日	9 月 15 日	10 月 15 日
玲枣	4 月 23 日	5 月 4 日	6 月 2 日	7 月 20 日	8 月 17 日	9 月 23 日

18.2　适宜农业气象指标

18.2.1　根系物候期

根据河南省新郑枣树研究所对盛果期成龄枣树的观察，枣的吸收根在 3 月中下旬(30 cm 旬平均地温为 8.8 ℃)开始活动。4 月上中旬(30 cm 旬平均地温为 14.8 ℃)新根大量发生，新根生长高峰出现在 7 月中旬到 8 月上旬(30 cm 旬平均地温为 24～26 ℃)，新根生长于 9 月初停止延伸。

18.2.2　萌芽、展叶物候期

枣树萌芽表示休眠终止，地上生长开始。新郑枣树一般 4 月上中旬气温 13 ℃时树液流动，旬平均气温 11～14 ℃时萌芽，随着新芽萌动，嫩枝很快抽出，叶片展开。

18.2.3　花、果物候期

枣花在 5 月中旬，旬平均气温达 22.7 ℃时始花，5 月下旬平均气温 24 ℃或 6 月上旬平均气温 25 ℃时进入盛花期。日平均气温 22～24 ℃授粉、受精最好，授粉、受精正常的花即可坐果。气温 25～27 ℃适合果肉生长，日平均气温在 19～21 ℃，且昼夜温差大时，有助于枣果糖分积累。果实发育期为 85～105 d，分为 4 个时期：5 月下旬(旬平均气温 24.4 ℃)到 6 月上旬

(旬平均气温 25 ℃)为枣果缓慢生长期;6 月上旬(旬平均气温 25 ℃)到 6 月中下旬(旬平均气温 26 ℃)为枣果纵径快速生长期;6 月中下旬(旬平均气温 26 ℃)到 7 月上旬(旬平均气温 28 ℃)为枣核形成期;7 月上旬到 9 月上旬(旬平均气温 20.8 ℃)为子叶、果肉快速生长期;9 月中旬(旬平均气温 19 ℃)果实成熟。

18.2.4 落叶和休眠物候期

新郑枣区,多数品种 10 月中旬(旬平均气温 14.8 ℃)落叶,10 月下旬(旬平均气温 13.2 ℃)落枝。树木落叶后至萌动前这段时间,称为休眠期。枣树能在－35 ℃环境下安全越冬。

18.3 农业气象灾害指标

18.3.1 干旱

(1)干旱对枣树生理的影响

枣树和其他植物一样,长期失去水分平衡时,各组织中酶的活性便遭受抑制,并朝水解的方向转化,光合作用被破坏,生长趋于停顿。如果干旱仍然持续,则果中的水分及营养物,也可被叶夺去而停止发育,最后脱落或缩存。据观测,枣树生长期(6—8 月)内,当 30 cm 土壤相对湿度为 40%～50%时,枣苗出现暂时萎蔫;土壤相对湿度≤30%时,则出现永久萎蔫。

(2)不同品种的耐旱性

不同的枣树品种,具有不同的耐旱性,如灰枣和鸡心枣是新郑枣区的两个主要栽培品种,在耐旱性上,灰枣较鸡心枣强。灰枣较强的耐旱性与它的形态结构有关,就叶而言,常态下鸡心枣的叶平展,叶的两面颜色近似,均为黄绿色;而灰枣叶片正面浓绿,背面灰绿,常态下叶多沿着主脉向上微卷,以减少叶的蒸腾作用,同时灰枣的须根较多,能够从土壤中吸取较多的水分,以满足正常生命活动对水分的需求。

(3)干旱的防御

防御干旱,除宏观措施外,就是适时灌溉,不过枣树属耐旱植物。花期干旱,一般无须浇水,可在下午喷水 2～3 次(间隔 1 d)。果期干旱,出现枣果暂时萎缩时,应进行灌溉,水源差的地方,可采取开沟浇水,每株浇水 100～150 kg,浇后封土保墒,中耕除草、松土,以割断毛细管,减少水分的蒸发。沙土和有机质少的枣园,应多施有机肥,以改善土壤的理化性状,增加团粒结构,提高其保水性。

18.3.2 风害

(1)果树生长期风害

枣树刚刚抽出的幼嫩果枝,长 3～4 cm 时,在定向 5～6 级风的作用下,若持续达 10 h 以上,即可改变嫩枝的生长状态,如为北风,可使幼枝一律朝向南方生长,这虽显示了枣树对环境的高适应性，却违背了枣树的正常发育规律，对枣树生长有着直接的抑制作用；若风力过大，往往会将幼枝刮折，危害更大。

(2)花期风害

枣树盛花期最忌大风，特别是来自西南方向的干热风，降低大气湿度，增加蒸腾作用，令枝、叶凋萎，花因水分和无机盐类供应情况的恶化，柱头黏液很快消失，雄蕊提前凋萎，花萼、雌蕊呈现褐色，此种情况枣农称之为焦花，即便是轻度焦花，也严重地损害枣树的授粉与受精，降低坐果率，减少产量。

(3)果期风害

枣树后期落果，大风是主要因素。

8 月下旬，果实进入第二个快速生长期，由于负荷增大，枝条下垂，因而枝叶显得更加密集，此时若遇 5 级以上大风，枝条摇摆，果实相互碰击，导致落果。风落果，有全绿的、黄绿的和柄端开始变红的，这些果大部分正处着糖期，干物质少，水分占 76%左右，晒后成色黄、空皮、甜味差，品质甚低。

8—9 月，风雨交加之日，最易发生枣树折枝的现象，不仅减少当年的收益，同时破坏树形，留下的伤口若不及时治疗，往往导致干腐，形成树洞，直接威胁以后的产量。

除此之外，风的搬运力量十分强大，特别是在结构性差的沙区，能将甲地的沙土搬到乙地，造成甲地枣根外露。

(4)风害的防御

①在枣区建立防风林带，林带结构以矩形断面乔灌混合的透空林带为宜。

②在大面积枣园上，外围枣树的行向应与主风向垂直，株行距也可适当缩小，以提高抗风性，起到防风、固沙的作用。

③合理修剪，调节树势，确保主枝对侧枝，侧枝对单位枝的主导优势，以防风折。

18.3.3 阴雨

(1)连阴与病虫害的关系

连阴能在较长的时间内维持大气高度湿润，因而给某些病虫创下了良好的生育环境，并给病虫防治工作带来了天然的不利，故此病虫害易于蔓延、猖獗成灾。

(2)花期雨害

花期中小雨速晴有利于枣花开放和授粉受精，但小雨连绵或暴雨，哪怕是短时暴雨，对枣花均有不利影响：一是雨滴的机械作用，打伤花部器官；二是雨水降低了柱头黏液和花部器官原生质的浓度，影响开花受精，增大了落花率。花期降水，多伴随着气温下降，导致花期落果率的上升。

(3)果期阴雨

正在变色或已红的枣，在连阴天里，容易形成裂果或浆果。特别是果前期干旱，而白熟期突然降雨，往往会出现大批裂果或浆果现象。

18.3.4 冰冻害

冰冻害多在冬春寒冷的季节形成。

在雪雨交加的风日，枣树枝干上往往被冻上一层玻璃状的冰层，该冰层随着气温的下降、雪雨的持续而逐渐加厚，使枝条在超负荷下弯曲下垂，甚至和地面相接。此时一旦风力加大，往往造成断枝折枝。

冰害除折枝之外，同时可导致部分木质化不充实或抗寒能力较弱的品种枝条枯死。

冰冻的防御：雨雪停后、白天气温升高时，以木杆轻轻击打主枝，令冰层剥落，以免造成断枝折枝。

18.3.5 冰雹

新郑夏秋季出现的短时冰雹，容易造成果树断枝、落果，直接影响产量。

主要防御措施：

①冰雹来临前，做好枣枝加固工作。

②做好人工消雹工作。

参考书目

陈贻金，何祥生，陈漠林，1991. 中国枣树学概论[M]. 北京：中国科学技术出版社.

高新一，马元忠，王玉英，2009. 枣树高产栽培技术[M]. 北京：金盾出版社.

刘荣花，赵国强，2014. 现代农业气象服务手册[M]. 北京：气象出版社.

杨柳，2000. 朝阳市大枣产量与气象因子相关性的初步分析[J]. 北方果树(5)：13-14.

张国林，张富荣，宗英飞，等，2012. 基于气象因子的朝阳大枣年景预报模型[J]. 中国农业气象，33(2)：240-244.

第19章 草莓农业气象指标

19.1 适宜农业气象指标

19.1.1 开始生长期

(1)温度:早春10 cm地温稳定在1～2 ℃时根系开始活动,10 ℃时发出新根,当10 cm地温稳定在13～15 ℃时,根系生长达到第一次高峰。当日平均气温达5 ℃时,地上部植株开始萌芽,茎叶开始生长。茎叶生长的最适宜日平均气温为18～23 ℃。

(2)土壤湿度:土壤相对湿度以65%～75%为宜。

19.1.2 旺盛生长期

(1)温度:日平均气温在14 ℃以上,有利于匍匐茎生长;在20～25 ℃时匍匐茎抽生快而多。

(2)土壤湿度:土壤相对湿度以70%左右为宜。

(3)光照:日照时数大于8 h有利于匍匐茎生长。

19.1.3 花芽分化期

(1)温度:日平均气温在20 ℃左右,日照时数在8 h,由营养生长转向生殖生长,花芽开始分化。日平均气温在13～17 ℃,日照时数8～12 h适宜花芽分化。

(2)土壤湿度:土壤相对湿度60%～70%有利于花芽的形成。

19.1.4 开花和结果期

(1)温度:日平均气温在10 ℃以上时开花,授粉、受精的临界日平均气温为12 ℃,适宜日平均气温为14～21 ℃,花粉发芽的最适日平均气温为25～27 ℃。果实膨大期,昼温以18～20 ℃为适宜,在17～30 ℃范围内积温达600 ℃·d左右着色成熟。日平均气温在20 ℃时需30 d成熟,30 ℃时只需20 d即成熟。

(2)土壤湿度:开花期土壤相对湿度以70%～80%为宜;果实膨大期土壤相对湿度以80%～90%为宜;浆果成熟期土壤相对湿度以65%～75%为宜。

(3)空气湿度:空气相对湿度以40%～60%为宜。

19.1.5 休眠期

温度:秋末冬初,当日平均气温低于5 ℃时草莓停止生长发育。叶片合成休眠素类物质,由直立变为与地面平行,植株矮化,呈匍匐生长状态,进入生理休眠期。草莓进入休眠期后,需要一定的低温积累量才能解除休眠恢复生长,休眠期的长短因品种而异,四季莓等休眠期短的品种仅需50～70 h,北方露地品种需500～700 h。

19.2 不利农业气象指标

19.2.1 开始生长期

(1)温度:日平均气温在3 ℃时老叶变红,0～5 ℃时老叶干缩。日平均气温在30 ℃以上时,加速根系老化。

(2)土壤湿度:土壤相对湿度低于60%不利于草莓根系生长发育。

19.2.2 旺盛生长期

温度:日平均气温低于15 ℃或高于28 ℃时,匍匐茎抽生慢且数量少。日平均气温低于10 ℃时,即便给予长日照条件,也不能再抽生匍匐茎。

19.2.3 花芽分化期

温度:日平均气温在5～12 ℃或高于30 ℃时,不论日照长短均不能分化花芽。日平均气温在−10～−15 ℃花芽受冻害,当日最低气温低于−20 ℃时植株冻死。

19.2.4 开花和结果期

(1)温度:日平均气温低于14 ℃或高于30 ℃,花粉能力降低。

(2)土壤湿度:小于60%或大于80%,不利于开花结果。

19.2.5 休眠期

温度:地温≤−8 ℃时,根系会受到危害。

19.3 农业气象灾害指标

19.3.1 干旱

草莓根系入土浅，不耐旱，当土壤相对湿度低于60%时形成干旱，要及时浇水，保持土壤湿润。

19.3.2 渍涝

土壤相对湿度高于90%影响草莓正常生长发育，易引起叶片变黄、萎蔫、脱落，甚至引起死苗和果实腐烂。

19.3.3 冻害

草莓生长期遇−2 ℃的最低气温时会形成冻害，日最低气温为−8 ℃时出现死株现象，−10 ℃时大部分植株冻死，地温在−8 ℃以下时根系会发生冻害。

19.3.4 低温冷害

日最低气温低于0 ℃植株受冻害，花的中心变黑。日最低气温低于10 ℃，影响种子发育，导致畸形果。

19.3.5 热害

当气温高于32 ℃时草莓生长受到抑制，叶片出现灼伤或焦边，果实急剧受热不能正常膨大着色，果个变小、果形不正、硬度下降，极易出现“僵果”现象。气温高于40 ℃阻碍授粉，导致畸形果。

参考书目

陈炳雄，唐纪钊，1988. 草莓与气象[M]. 北京：气象出版社.

马兴祥，1990. 草莓适生的气象条件及栽培管理方法[J]. 干旱气象(3)：27-30.

唐梁楠，杨秀瑗，2005. 草莓优质高产新技术[M]. 北京：金盾出版社.

王健，任水莲，马玉平，2003. 草莓生长与气候[J]. 沙漠与绿洲气象，26(1)：39-41.

第 20 章　桃树农业气象指标

20.1　适宜农业气象指标

20.1.1　萌芽期

(1)温度:日平均气温在 1.7～6.6 ℃,阴雨天气少,树冠结构合理,通风透光良好,就能促进花芽的分化。

(2)光照:光照充足,日照百分率达 60%左右,果树能正常生长。

(3)土壤湿度:土壤相对湿度保持在 60%～80%。

20.1.2　初花期、盛花期

(1)温度:日平均气温≥10 ℃,才能授粉、受精,开花期的最适温度为日平均气温 12～14 ℃。

(2)光照:充足的光照,日照百分率达到 60%以上。

20.1.3　谢花期

(1)温度:适宜日平均气温为 18～20 ℃。

(2)光照:日照百分率在 60%以上为宜。

20.1.4　落果期

(1)温度:桃树生长的适宜温度为日平均气温 18～20 ℃。

(2)光照:光照充足,日照百分率达 60%左右。

(3)风:微风,能增强光合作用,有利于养分和水分的吸收。

(4)土壤湿度:充足的水分,土壤相对湿度保持在 70%～80%。

20.1.5　果实膨大期

(1)温度:日平均气温在 25～30 ℃,产量高,品质好。

(2)光照、风:光照充足、微风条件下,能增强光合作用,有利于养分和水分的吸收。

(3)土壤湿度:土壤相对湿度宜保持在60%～80%。

20.1.6 硬核期

(1)温度:日平均气温以18～24 ℃为宜。

(2)土壤湿度:土壤相对湿度宜保持在60%～70%。

20.1.7 果实成熟期

(1)温度:日平均气温以28～30 ℃为宜。

(2)土壤湿度:土壤相对湿度保持在60%～80%为宜。

(3)综合条件:昼夜温差大,湿度较低,保证16～17 h的光照时间,有利于提高品质。

20.1.8 休眠期

土壤湿度:土壤相对湿度保持在50%～70%,以利于桃树的安全越冬。

20.2 不利农业气象指标

20.2.1 萌芽期

(1)温度:日最低气温降至−1.8 ℃并持续一段时间的情况下花芽开始受冻害,低于−2.7 ℃时,大部分花芽会冻死;花蕾期只能忍受−6 ℃的低温。

(2)光照:光照不充足会影响花芽分化。

(3)土壤湿度:土壤相对湿度超过80%,易造成枝条发育不充实,易患根腐病,常致桃树窒息死亡。

20.2.2 初花期、盛花期

(1)温度:日平均气温≤10 ℃时,花粉管伸长受阻不能受精而影响坐果;日最低气温降至−3～−1 ℃时,花器易受寒害或冻害。

(2)水分:花期不宜多雨,若遇连续阴雨天气,将导致严重减产。

(3)风:花期大风容易使花粉干缩,也影响授粉,影响受精,使坐果率下降。

20.2.3 谢花期

温度:日平均气温≤15 ℃时,则果实品质比较差,日最低气温低于0 ℃时即受冻害。

20.2.4 落果期

土壤湿度:土壤相对湿度高于90%,易造成枝条发育不充实,易患根腐病。土壤相对湿度低于50%时会造成落果,影响产量。

20.2.5 果实膨大期

(1)光照:光照不足,落果多。

(2)土壤湿度:土壤相对湿度低于50%时,会造成落果。

20.2.6 硬核期

土壤湿度:土壤相对湿度大于80%,枝叶生长过旺。硬核初期及新梢迅速生长期,遇干旱缺水,则会影响枝梢与果实的生长发育;土壤相对湿度降到60%时,叶片出现凋萎现象;土壤相对湿度低于50%时,将导致严重落果,影响产量。

20.2.7 果实成熟期

(1)温度:日平均气温高于30 ℃时,会影响桃树的正常生长;温度过低树体发育不正常,果实不易成熟;温度过高,枝干容易被灼伤,果实品质下降。

(2)土壤湿度:土壤相对湿度低于60%时,会引起新陈代谢作用降低,细胞肥大植株生长受到抑制,同时叶片的同化作用也受到影响,减少营养的累积。

(3)风:风速过大易造成果树大量落果,吹折树干。

20.2.8 休眠期

(1)温度:冬季日最低气温在−23 ℃以下时容易发生冻害。

(2)水分:秋雨过多、土壤黏重,桃树颈部积水或水分过多,昼夜冻融交替易导致颈腐病。

20.3 农业气象灾害指标

20.3.1 大风

(1)花期大风容易使花粉干缩，也影响授粉、受精，使坐果率下降。春季大风还常伴有低温，低温使花粉在柱头上发芽停止或发芽率降低，影响坐果。

(2)桃果生长成熟期的大风可以使果树大量落果,吹折树干。

20.3.2 冰雹

果树遭冰雹袭击后，轻者减产，重者当年会绝产无收。

20.3.3 雨涝

桃树最怕渍涝，淹水 24 h 以上就会造成植株受害，甚至死亡。

参考书目

刘荣花，赵国强，2014. 现代农业气象服务手册[M]. 北京：气象出版社.
王国平，孔庆信，洪霓，等，2007. 桃大棚早熟生产栽培技术[M]. 北京：金盾出版社.
王力荣，2001. 桃新优品种与优质高效栽培技术[M]. 北京：中国劳动社会保障出版社.

第21章　西瓜农业气象指标

21.1　适宜农业气象指标

21.1.1　播种、出苗期

(1)温度:播种、出苗的适宜日平均气温为25～30 ℃。

(2)土壤湿度:播种时土壤相对湿度在80%左右,种子发芽顺利,出苗快而齐。

21.1.2　幼苗期

(1)温度:幼苗期的适宜日平均气温为28～32 ℃。

(2)土壤湿度:幼苗期适应干旱能力较强,适当干旱可促进根系扩展,增强抗旱能力,一般土壤相对湿度保持在65%为宜。

21.1.3　伸蔓期

(1)温度:伸蔓期适宜日平均气温为28～32 ℃。

(2)土壤湿度:植株在伸蔓期生长快,蒸腾作用强,需水量大,一般土壤相对湿度在80%左右较为适宜。

21.1.4　开花期

(1)温度:开花期适宜的气温条件为28～32 ℃。

(2)土壤湿度:开花期土壤不宜过度潮湿,一般土壤相对湿度保持在60%～70%适宜开花,并且植株不易徒长。

21.1.5　结果期

(1)温度:结果期对热量需求较高,一般适宜气温为30～35 ℃。

(2)土壤湿度:结果期需水量大,特别是结果前中期,果实迅速膨大,土壤相对湿度应保持在80%左右;果实定个后,应及时控水,以利于糖分的积累。

21.2 不利农业气象指标

21.2.1 播种、出苗期

(1)温度:日平均气温高于35 ℃时,易对种子造成伤害;日平均气温低于25 ℃时,出苗迟缓,出苗率明显下降;若低于15 ℃时,种子发芽迟缓且容易烂籽。

(2)土壤湿度:土壤相对湿度小于60%时容易发生"芽干"现象,出苗困难;土壤相对湿度大于80%时,种子容易霉烂。

21.2.2 幼苗期

(1)温度:幼苗期气温不宜过低,夜间气温在15 ℃以下,幼苗容易黄化、矮化,植株生长缓慢,甚至停止生长。

(2)土壤湿度:土壤相对湿度大于85%或者多雨天气造成田间积水时,土壤水、气关系失调,易造成根系缺氧腐烂,严重时使西瓜植株中毒死亡。

21.2.3 伸蔓期

(1)温度:气温在15 ℃以下,叶蔓生长缓慢;气温小于10 ℃,植株生长基本停止。

(2)土壤湿度:当土壤相对湿度小于60%时干旱发生,在50%以下时干旱严重,影响植株正常开花结实。

21.2.4 开花期

(1)温度:气温低于20 ℃,普通西瓜的雄花不散粉,雌花即便能开放,但其柱头不分泌活性物质,授粉难以完成。

(2)土壤湿度:当土壤相对湿度大于80%时,植株徒长,不利于坐果。

21.2.5 结果期

(1)温度:夜间气温低于15 ℃时,果实生长缓慢,甚至停止生长。

(2)土壤湿度:土壤相对湿度大于90%时,不利于糖分的积累和品质的提高。

21.3 农业气象灾害指标

21.3.1 干旱

当土壤相对湿度小于60%时出现干旱，影响西瓜正常生长发育。

21.3.2 春季连阴雨

西瓜播种、出苗期，若出现低温连阴雨天气，将会使西瓜烂种或因出苗迟缓而造成弱苗。春季连阴雨指标为：

①连续5 d及以上阴雨。

②过程降雨量≥15 mm。

③连续3 d日平均气温低于12 ℃。

21.3.3 风灾

平均风速在10.8 m/s(6级)或瞬时风速在17.2 m/s(8级)及以上，易造成风灾。大风容易将西瓜幼苗折断、藤蔓吹翻，造成叶片机械、生理损伤，影响光合作用，造成减产。

参考书目

常骤雨，2011. 宝莲镇西瓜种植气象条件分析[J]. 安徽农学通报，17(18)：140.

贺洪军，李和平，1993. 西瓜配套栽培新技术[M]. 北京：气象出版社.

刘荣花，赵国强，2014. 现代农业气象服务手册[M]. 北京：气象出版社.

王二虎，孙欣，2012. 西瓜产量与气象因素的灰色关联度分析[J]. 安徽农业科学，40(15)：8636-8638，8690.

王坚，蒋有条，2005. 西瓜栽培技术[M]. 北京：金盾出版社.

张爱玲，马英洁，秦涛，等，2013. 鲁中地区优质大棚西瓜的适宜气象指标[J]. 安徽农业科学，41(8)：3536-3538.

第22章　黄瓜农业气象指标

22.1　适宜农业气象指标

22.1.1　发芽期

(1)温度:地温稳定在10 ℃以上,日最低气温在5 ℃以上有利于发芽;催芽最适宜气温为22～25 ℃。

(2)土壤湿度:适宜土壤相对湿度为85%～90%。

22.1.2　幼苗期

(1)温度:适宜气温白天在20～28 ℃,夜间在13～15 ℃。

(2)土壤湿度:土壤相对湿度在85%以上。

22.1.3　初花期

(1)温度:适宜气温白天在25～30 ℃,夜间在13～15 ℃,日最低气温为10 ℃左右。

(2)光照:日照时数在8 h以上。

22.1.4　结瓜期

(1)温度:适宜气温白天在20～25 ℃,适宜昼夜温差不超过10 ℃、不低于0 ℃。

(2)空气湿度:适宜空气相对湿度为80%～90%。

(3)光照:日照时数在8 h以上。

22.2　不利农业气象指标

22.2.1　发芽期

(1)温度:日平均气温低于20 ℃出芽慢,日平均气温高于28 ℃芽细弱而长。

(2)土壤湿度:土壤相对湿度低于75%,不利于发芽。

22.2.2 幼苗期

(1)温度:气温≥35 ℃易发生生理障碍。
(2)水分:积水对幼苗生长不利。

22.2.3 初花期

连阴雨天气不利于开花坐果。

22.2.4 结瓜期

(1)温度:昼夜气温温差小于0 ℃易造成瓜叶片小,不利于有机物质积累。
(2)土壤湿度:土壤相对湿度小于80%对结瓜不利。

22.3 农业气象灾害指标

黄瓜的主要农业气象灾害是低温寡照。

当逐日日照时数小于3 h连续4~7 d,且地温低于12 ℃时发生立枯病、沤根等低温生理病。

当逐日日照时数小于3 h连续8 d以上时,植株有被冻死的可能。

当逐日日照时数小于3 h,连续10 d以上骤晴时,容易发生猝倒病。

参考书目

郭爱莲,刘少洽,1996.气象条件对温棚黄瓜生长的影响及防御措施[J].河南气象(3):28-30.
吕永祥,刘平,1997.气象条件对温棚黄瓜的影响[J].河南气象(4):24-25.
彭晓丹,杨再强,柳笛,等,2013.温室黄瓜低温气象灾害指标[J].气象科技,41(2):394-400.
吴元中,李军,杨秋珍,2001.五连栋大棚黄瓜生产的气象分析[J].长江蔬菜(12):35-36.

第 23 章　大棚番茄农业气象指标

23.1　适宜农业气象指标

23.1.1　播种、育苗期

(1)温度:白天气温 20～25 ℃,夜晚气温 15～16 ℃。

(2)空气湿度:空气相对湿度以 60%为宜。

(3)日照时数:日照时数大于 8 h。

(4)土壤湿度:土壤相对湿度保持在 65%～80%。

23.1.2　定植、缓苗期

(1)温度:白天气温 20～25 ℃,夜晚气温 15～16 ℃。

(2)空气湿度:空气相对湿度以 60%为宜。

(3)日照时数:日照时数大于 8 h。

(4)土壤湿度:土壤相对湿度以 65%～80%为宜。

23.1.3　花果期

(1)温度:白天气温 25 ℃左右,夜晚气温 12～15 ℃。

(2)空气湿度:空气相对湿度以 60%为宜。

(3)日照时数:日照时数大于 8 h。

(4)土壤湿度:土壤相对湿度以 65%～80%为宜。

23.2　不利农业气象指标

23.2.1　播种、育苗期

(1)温度:当气温低于 12 ℃或超过 40 ℃时则发芽困难。

(2)空气湿度:空气相对湿度小于60%。

(3)日照时数:日照时数小于3 h。

(4)土壤湿度:土壤相对湿度小于60%或大于80%。

23.2.2 定植、缓苗期

(1)温度:白天气温高于30 ℃,夜间气温低于15 ℃。

(2)空气湿度:空气相对湿度小于60%。

(3)日照时数:日照时数小于3 h。

(4)土壤湿度:土壤相对湿度小于60%或大于80%。

23.2.3 花果期

(1)温度:当气温达到30 ℃以上时则着色不良。

(2)空气湿度:空气相对湿度小于60%或大于80%。

(3)日照时数:日照时数小于3 h。

(4)土壤湿度:土壤相对湿度小于60%或大于80%。

23.3 农业气象灾害指标

大棚番茄的主要农业气象灾害是低温寡照。

当逐日日照时数小于3 h持续4～7 d时,温室内温度一般降到10～15 ℃,易发生灰霉病、叶霉病。

当地温低于12 ℃时,易发生立枯病、沤根等低温生理病。

当逐日日照时数小于3 h,连续8 d以上时,灰霉病、叶霉病发展较重。

连阴后骤晴时,容易发生猝倒病。

参考书目

高鑫,马荣,朱贤花,2006.番茄不同生育期对气象条件的要求[J].河南气象(4):59.

任鹤麒,王瑞芳,1995.番茄果实膨大与气象条件的关系[J].中国农业气象,16(6):17-18,44.

袁昌洪,严迎春,邹大林,2008.大棚番茄栽培的农业气象条件分析及其灾害防御对策[J].现代农业科技(21):104-105,107.

第 24 章 胡萝卜农业气象指标

24.1 适宜农业气象指标

24.1.1 播种、出苗期

(1)温度:发芽期最适宜日平均气温是 20~25 ℃。种子在平均气温 4~6 ℃即可萌动,8 ℃时开始生长;在 18~20 ℃经 10 d 左右即可出苗。

(2)土壤湿度:播种时保持土壤潮湿,促使种子发芽和出苗整齐。

24.1.2 叶生长盛期

(1)温度:白天气温为 20~25 ℃,夜间气温为 15~18 ℃。

(2)土壤湿度:土壤相对湿度保持在 60%~75%。

24.1.3 肉质根膨大期

(1)温度:以日平均气温 20~22 ℃为宜。

(2)土壤湿度:土壤相对湿度保持在 60%~85%。

24.1.4 开花、授粉、结籽期

(1)温度:以白天气温 22~28 ℃、夜间气温 15~20 ℃为宜。

(2)土壤湿度:土壤相对湿度保持在 60%~75%。

参考书目

陈雅莲,蓝秋萍,张金超,等,2012. 胡萝卜种植气象条件适应性及气象灾害分析[J]. 农业与技术,32(9):159-160.

任泉,伍永学,于永波,等,2009. 新黑田五寸人参胡萝卜先期抽薹研究与预防[J]. 沙漠与绿洲气象,3(6):47-49.

许文默,韩志君,2014. 福建晋江市高优胡萝卜种植气象条件利弊分析[J]. 中国园艺文摘(3):16-18.

第 25 章　白菜农业气象指标

25.1　适宜农业气象指标

25.1.1　播种发芽期

(1)温度:适宜日平均气温为 20～25 ℃。播种出苗需积温 110～120 ℃·d。

(2)土壤湿度:土壤相对湿度以 70%～80%为宜。

25.1.2　出苗幼苗期

(1)温度:以日平均气温 22～25 ℃为宜。

(2)光照:以日照时数>8 h 为宜。

(3)土壤湿度:土壤相对湿度以 65%～75%为宜。

25.1.3　莲座—结球期

(1)温度:适宜日平均气温为 15～22 ℃。

(2)光照.适宜日照时数 8.0～10.0 h。

(3)土壤湿度:土壤相对湿度以 65%～75%为宜。

25.2　不利农业气象指标

25.2.1　播种—发芽

(1)温度:气温≥40 ℃,影响发芽。

(2)土壤湿度:土壤相对湿度≥85%,透气性差,影响出苗;土壤相对湿度<50%,湿度不足,影响出苗。

25.2.2 出苗—幼苗

(1)温度:气温≥40 ℃影响幼苗生长。

(2)降水:日降水量≥40 mm。

(3)土壤湿度:土壤相对湿度≤50%时,出苗不齐。

25.2.3 莲座期

(1)温度:日平均气温≤15 ℃,生长缓慢;日平均气温≥27 ℃,易徒长。

(2)光照:日照时数<3 h,易形成弱苗。

(3)土壤湿度:土壤相对湿度≥90%,或连续阴雨,易造成湿害,植株根弱苗黄。

25.2.4 结球期

(1)温度:日平均气温低于 8 ℃,不利于球体生长。

(2)光照:日照时数小于 3 h,或连续阴雨,影响生长。

(3)土壤湿度:土壤相对湿度≤50%,中度干旱;土壤相对湿度≤40%,严重干旱;土壤相对湿度≥85%,易烂根。

参考书目

奥岩松,李式军,1997.大白菜发育的日长气温机理模型及生物学意义[J].生物数学学报,12(4):372-375.

林日暖,张勇,1998.拉萨露地大白菜霜冻试验研究[J].中国农业气象,19(6):35-38.

钮景诚,1980.西安地区大白菜灾害性天气的指标、预报和防御[J].陕西农业科学(4):8-12.

第 26 章　大葱农业气象指标

26.1　适宜农业气象指标

26.1.1　发芽期(播种到长出第一片真叶)

(1)温度:发芽期最适日平均气温为 13～25 ℃。

(2)土壤湿度:保持土壤湿润,土壤相对湿度以 60%～70%为宜。

26.1.2　幼苗期(第一片真叶出现到第二年移栽前)

(1)温度:适宜生长日平均气温为 15～25 ℃。

(2)土壤湿度:保持土壤湿润,土壤相对湿度以 60%～70%为宜。

(3)光照:光照充足,幼苗期总日照时数以大于 1900 h 为宜。

26.1.3　假茎形成期(从定植到收获)

(1)温度:叶片生长适宜日平均气温为 15～25 ℃,葱白生长适宜日平均气温为 10～20 ℃。

(2)土壤湿度:保证水分供应充足,土壤相对湿度保持在 70%～80%;收获前 10～15 d 土壤相对湿度以 60%～70%为宜。

(3)光照:光照充足,该生育期日照时数以大于 970 h 为宜。

26.2　不利农业气象指标

26.2.1　发芽期

(1)温度:日平均气温低于 7 ℃造成种子发芽推迟,超过 25 ℃会使种胚变性坏死。

(2)土壤湿度:土壤相对湿度小于 50%不利于出苗。

26.2.2 幼苗期

(1)温度:日平均气温低于 15 ℃或者超过 25 ℃,生长缓慢。

(2)土壤湿度:土壤相对湿度小于 50%易形成干旱,不利于大葱生长。

26.2.3 假茎形成期

(1)温度:日平均气温≥25 ℃生长缓慢,形成的葱白和绿叶品质差;日平均气温≥35 ℃则大葱处于休眠状态。

(2)土壤湿度:土壤相对湿度小于 50%易形成干旱,不利于大葱生长。

26.3 农业气象灾害指标

26.3.1 干旱

虽然大葱叶片呈管状,有蜡质,耐旱性较强,但大葱无根毛,吸水性差,所以每个生育阶段水分充足才能生长良好,当土壤相对湿度小于 50%时,形成干旱,影响大葱正常生长。

26.3.2 暴雨洪涝

大葱生长过程中耐旱不耐涝,暴雨和洪涝易造成积水,使土壤微生物和根系都处于缺氧状态,易产生有毒物质,造成根部腐烂。尤其在夏季正值大葱生长旺季,如出现暴雨或连续性大雨,排水不通畅,形成洪涝,积水 1~2 d,容易烂葱,严重的会造成大葱大面积死亡。

参考书目

胡定东,孙军德,贾在强,2001.章丘大葱高产气象条件分析[J].山东气象,21(4):21-23.

胡定东,贾在强,2004.用积温界定章丘大葱最佳播种期[J].山东气象,24(1):25.

欧阳秋明,2012.章丘大葱种植的气候适应性分析[J].现代农业科技(18):245-246,258.

第 27 章　大蒜农业气象指标

27.1　适宜农业气象指标

27.1.1　播种—出苗期

(1)温度:日平均气温以 12～16 ℃为宜。

(2)土壤湿度:土壤相对湿度以 65%～90%为宜。

27.1.2　幼苗期

(1)温度:日平均气温以 12～16 ℃为宜。

(2)土壤湿度:土壤相对湿度以 65%～90%为宜。

27.1.3　蒜薹和鳞茎形成期

(1)温度:日平均气温以 15～25 ℃为宜。

(2)光照:日照时数以大于 8 h 为宜。

(3)土壤湿度:土壤相对湿度以 75%～85%为宜。

27.1.4　蒜头可收期

(1)温度:日平均气温以 20～25 ℃为宜。

(2)土壤湿度:土壤相对湿度以 70%～85%为宜。

27.2　不利农业气象指标

27.2.1　播种—出苗期

(1)温度:日平均气温高于 25 ℃或低于 8 ℃。

(2)土壤湿度:土壤相对湿度小于65%或大于90%。

27.2.2 幼苗期

温度:气温高于22 ℃。

27.2.3 蒜薹和鳞茎形成期

(1)温度:气温高于26 ℃。
(2)光照:日照时数小于3 h。
(3)土壤湿度:土壤相对湿度小于75%或大于95%。

27.2.4 蒜头可收期

(1)土壤湿度:土壤相对湿度小于65%或大于85%。
(2)光照:日照时数小于3 h。
(3)空气湿度:空气相对湿度大于85%。

27.3 农业气象灾害指标

春旱:在3—4月,连续30 d(40 d)总降水量小于20 mm,为一般春旱(严重春旱)。

参考书目

顾智章,2011. 大蒜栽培与贮藏[M]. 北京:金盾出版社.

第 28 章　辣椒农业气象指标

28.1　适宜农业气象指标

28.1.1　发芽期

(1)温度:适宜日平均气温 25～30 ℃,土壤温度≥20 ℃。

(2)土壤湿度:土壤相对湿度以 65%～85%为宜。

28.1.2　幼苗期

(1)温度:适宜气温白天为 25～30 ℃,夜间为 15～18 ℃。

(2)土壤湿度:土壤相对湿度以 65%～85%为宜。

28.1.3　开花期

(1)温度:适宜气温白天为 20～25 ℃,夜间为 15～20 ℃。

(2)土壤湿度:土壤相对湿度以 65%～85%为宜。

(3)光照:适宜短日照(即日照时数小于 12 h/d)。

28.1.4　结果期

(1)温度:适宜气温白天为 20～25 ℃,夜间为 15～20 ℃。

(2)土壤湿度:土壤相对湿度以 65%～85%为宜。

28.2　不利农业气象指标

28.2.1　发芽期

(1)温度:气温低于 15 ℃或高于 35 ℃。

(2)土壤湿度:土壤相对湿度小于 60%或大于 85%。

28.2.2 幼苗期

(1)温度:气温低于 10 ℃或高于 35 ℃。
(2)土壤湿度:土壤相对湿度小于 60%或大于 85%。

28.2.3 开花期

(1)温度:气温低于 15 ℃或高于 35 ℃。
(2)土壤湿度:土壤相对湿度小于 60%或大于 85%。
(3)光照:日照时数大于 12 h。

28.2.4 结果期

(1)温度:气温低于 10 ℃或高于 35 ℃。
(2)土壤湿度:土壤相对湿度小于 60%或大于 85%。
(3)空气湿度:空气相对湿度大于 85%。

28.3 农业气象灾害指标

28.3.1 冷害

温度低于 10 ℃。

28.3.2 渍涝害

田间积水大于 24 h。

28.3.3 干旱

土壤相对湿度小于 60%。

28.3.4 辣椒疫病

辣椒疫霉菌适宜活动气温为 28～30℃,相对湿度为 85%～95%。7—8 月雨后暴晴之后 2～3 d,天气条件有利于疫病发生发展。

参考书目

陈华文，2008．台州市辣椒种植的气象条件分析[J]．河北农业科学，12(9)：11-12．

杜安，1994．辣椒生产与气象条件的关系及管理措施[J]．江西气象科技(3)：36．

董建设，高翀，李汉浸，2012．濮阳地区辣椒疫病发生的气象条件分析及防治措施[J]．农业灾害研究，2(5)：35-36，39．

李汉浸，张相梅，韩相斌，等，2008．濮阳地区辣椒疫病发生的气象条件分析[J]．气象与环境科学，31(S1)：61-63．

李素贞，2012．农业气象条件对辣椒栽培的影响[J]．农业科技与信息(17)：16-17．

刘艳萍，黄斌，杨梅，2004．制干辣椒的农业气象条件分析[J]．新疆农垦科技(6)：38-39．

马洪亮，马燕，2009．阜康市辣椒种植气象条件分析[J]．现代农业科技(5)：23，26．

杨玉芬，2010．气象条件对小辣椒种植的影响及其对策[J]．现代农业科技(10)：297，303．

臧俊岭，刘常青，许梦会，等，2008．2008年辣椒细菌性斑点病发生的气象条件分析[J]．安徽农学通报，14(22)：118．

第29章　大棚芹菜农业气象指标

29.1　适宜农业气象指标

29.1.1　播种育苗期

(1)温度:适宜气温为18～20 ℃。

(2)日照时数:日照时数以5～10 h为宜。

(3)土壤湿度:土壤相对湿度保持在65%～80%为宜。

29.1.2　定植、缓苗期

(1)温度:白天适宜气温为20 ℃左右。

(2)日照时数:日照时数以5～10 h为宜。

(3)土壤湿度:土壤相对湿度以65%～80%为宜。

29.1.3　收获期

(1)温度:适宜气温为18～20 ℃。

(2)日照时数:日照时数以5～10 h为宜。

(3)土壤湿度:土壤相对湿度以65%～80%为宜。

29.2　不利农业气象指标

29.2.1　播种育苗期

(1)温度:白天高于26 ℃,夜间低于12 ℃。

(2)日照时数:日照时数小于3 h。

(3)土壤湿度:土壤相对湿度小于60%或大于90%。

29.2.2 定植期

(1)温度:白天高于 26 ℃,夜间低于 5 ℃。
(2)日照时数:日照时数小于 3 h 或大于 12 h。
(3)土壤湿度:土壤相对湿度小于 60%或大于 90%。

29.2.3 收获期

(1)温度:白天高于 28 ℃。
(2)日照时数:日照时数小于 3 h 或大于 12 h。
(3)土壤湿度:土壤相对湿度小于 60%或大于 85%。

29.3 农业气象灾害指标

29.3.1 高温连阴雨

当逐日日照时数小于 3 h,气温高于 35 ℃,连续 4~7 d,芹菜出苗难,苗大小不整齐,常发生成片死苗。

29.3.2 低温高湿连阴天

当气温低于 5 ℃,逐日日照时数小于 3 h,连续 4~7 d,空气相对湿度大于 90%,斑点病严重。

参考书目

杜玉红,黄玉,田逕会,等,2010. 无公害芹菜优质高产规范化栽培技术[J]. 吉林农业(9):123,127.
孙婷婷,2015. 金口芹菜高产栽培技术[J]. 农业科技通讯(10):179-180.
孙文爽,2014. 北方日光温室秋延后芹菜高产栽培技术[J]. 蔬菜(4):48-49.
薛成波,2015. 芹菜高产栽培技术[J]. 农民致富之友(21):26.

第30章 牡丹农业气象指标

30.1 适宜农业气象指标

牡丹从开春萌发至秋末落叶休眠的生长发育年周期可分为13个时期。

30.1.1 萌动期

牡丹生物学起点温度为3 ℃，从上一年11月进入休眠，到次年日平均气温上升并稳定在3～5 ℃时开始萌动。

30.1.2 发芽期

3月上旬，日平均气温达6～8 ℃，鳞芽尖端胀裂，露出鳞芽。

30.1.3 新枝伸长期

3月中旬，日平均气温达10 ℃左右，花蕾长出鳞片包，茎上叶序基本形成。

30.1.4 幼蕾期

3月下旬，适宜夜间气温为6～12 ℃，白天气温为12～18 ℃。

30.1.5 展叶期

4月上旬，适宜夜间气温为6～12 ℃，白天气温为12～18 ℃。

30.1.6 透色期

4月上中旬，适宜日平均气温为10～18 ℃，此期要求温度逐渐平稳上升，才有利于花蕾的迅速增大。

30.1.7 开花期

4月中下旬，日平均气温稳定在16～22 ℃时，花蕾泛暄(发软)绽开，适宜日最高气温在

25 ℃左右，促使牡丹花蕾很快开放。

30.1.8 叶片放大期

5月上旬，适宜日平均气温为20～25 ℃。

30.1.9 鳞芽分化期

5月下旬至7月底或8月初，适宜日平均气温为20～30 ℃。

30.1.10 种子成熟期

8月初，适宜日平均气温为25～32 ℃。

30.1.11 花芽分化期

进入8月中旬，至10月中旬适宜日平均气温为15～28 ℃。

30.1.12 落叶期

10月下旬至11月上旬，适宜日平均气温为5～10 ℃。

30.1.13 相对休眠期

秋末冬初，气温降至5 ℃左右时，牡丹开始进入休眠期。

30.2 不利农业气象指标

30.2.1 幼蕾期

在此期间，最怕寒潮和低温的侵袭，当气温降到0 ℃以下时，幼小花蕾极易受冻害而萎缩。

30.2.2 透色期

若天气忽冷忽热或气温低至10 ℃以下，花蕾便会停止发育(俗称伤风)，以后即使提高温度，也不再继续增大。

30.2.3 开花期

(1)温度:气温≤5℃或≥30 ℃。
(2)降水:24 h 降水量≥20 mm 或降雪量≥5 mm。
(3)空气湿度:空气相对湿度≤30%。

30.2.4 叶片放大期

(1)温度:气温≥35 ℃。
(2)降水:高温后突降暴雨。
(3)土壤湿度:土壤相对湿度≥90%。

30.2.5 鳞芽分化期

(1)温度:气温≥38 ℃。
(2)降水:高温后突降暴雨。
(3)土壤湿度:土壤相对湿度≥90%。

30.2.6 种子成熟期

(1)温度:气温≥38 ℃。
(2)降水:高温后突降暴雨。
(3)土壤湿度:土壤相对湿度≥90%。

30.2.7 花芽分化期

土壤湿度:土壤相对湿度≥90%。

30.3 农业气象灾害指标

30.3.1 寡照

牡丹为喜光照耐半阴的长日照植物,开花过程的自然日日照时数为 10～12 h。特别是在开花的初期和中期阶段,如果日照时数不足 8 h,花蕾将停止发育逐渐萎缩,甚至叶片也停止生长。

30.3.2 晚霜冻

花蕾将绽开时不耐霜冻，如果气温低于0℃，则不能正常开花且花易畸形。

30.3.3 干热风

牡丹开花期间，如遇干热风，会缩短花期并影响开花品质。牡丹不同发育期的干热风指标见表30.1。

表30.1 牡丹干热风指标

发育期	幼蕾期	展叶期	透色期	开花期	叶片放大期	鳞芽分化期	种子成熟期	花芽分化期
最高气温	≥28 ℃	≥30 ℃	≥30 ℃	≥32 ℃	≥35 ℃	≥38 ℃	≥35 ℃	≥32 ℃
空气相对湿度	≤30%							
风速	≥3 m/s							

30.3.4 强降雨

花期前后的降雨过程及降雨强度、空气湿度对开花有一定的影响，初花前后如遇阴天、小雨，有助于牡丹开花且花朵鲜艳；如降雨过大，易导致花朵提前败落。

参考书目

李瑞英，任崇勇，张婷，2016. 影响牡丹花期的主要气象因素及预测方法[J]. 现代农业科技，13:244-245.
温新月，李保光，1996. 国花大典[M]. 济南：齐鲁出版社.
赵兰勇，2004. 中国牡丹栽培与鉴赏[M]. 北京：金盾出版社.

第31章　菊花农业气象指标

31.1　适宜农业气象指标

31.1.1　宿根越冬期

(1)温度:适宜日平均气温为0～10 ℃,最低能忍受−17 ℃。

(2)土壤湿度:以沙质壤土为宜,要求土壤湿润,适宜土壤相对湿度为60%左右。

31.1.2　抽芽期

(1)温度:适宜日平均气温为10～15 ℃。

(2)土壤湿度:菊花耐干旱,怕积水,土壤相对湿度在60%～80%比较适宜,降雨多时要保持良好的排水条件。

31.1.3　营养生长期

(1)温度:适宜气温为白天18～28 ℃,夜间15～20 ℃。

(1)光照:菊花营养生长期间需要充足的光照,适宜日日照时数为大于14 h。光照充足,空气流通,则生长健壮,节间短,叶片肥厚而紧凑,抗逆性强,花朵硕大而艳丽。

(3)土壤湿度:菊花在营养生长阶段需水肥量较大,可以适当多施水肥,保持土壤湿润,土壤相对湿度在60%～70%。

31.1.4　花芽分化—开花期

(1)温度:花芽分化的最适日平均气温为10～15 ℃,最低为10 ℃;15～20 ℃可以促进菊花开花。

(2)光照:菊花在光照时间小于13 h时开始进行花芽分化,进入生殖生长阶段,光照时间大于14 h将会延长营养生长阶段时间,推迟花期。

(3)土壤湿度:土壤相对湿度在60%较为适宜。花芽分化开始时要适当控水,抑制营养生长,以利于花芽分化,在孕蕾开花期要适当增加水量,以促进花蕾发育。

31.2 不利农业气象指标

31.2.1 宿根越冬期

(1)温度:在日平均气温低于−23 ℃时,菊花宿根会遭受冻害;当温度高于10 ℃,菊花不经历低温可能导致次年不易开花。

(2)土壤湿度:土壤相对湿度大于80%时,根茎易腐烂。

31.2.2 抽芽期

(1)温度:日平均气温低于10 ℃时,菊花发芽迟缓;当日平均气温高于18 ℃时,会造成幼苗细弱、徒长。

(2)土壤湿度:土壤相对湿度小于40%时,宿根不易发芽,芽干、黄,出土困难;土壤相对湿度大于80%时,宿根容易腐烂。

31.2.3 营养生长期

(1)温度:当白天气温达到35 ℃时,一般品种生长缓慢;达到40 ℃时,虽不会发生枯死,但仅能保持基本成活状态。

(2)光照:光照强度过强易灼伤叶片,影响植株的光合作用,且易感染病虫害,影响其观赏效果;日照时数≤10 h时,对于管瓣类品种,易使枝条徒长,致使株型不佳。

(3)土壤湿度:菊花喜湿润,但不耐潮湿,更忌低洼积水,在雨季,1~2 d甚至几小时的积水便会导致植株枯萎死亡。梅雨季节,常因土壤过于潮湿而导致根系发育不良,甚至部分根系腐烂,严重影响地上部分的生长。当土壤严重缺水,比如土壤相对湿度小于20%时,植株基部老叶变黄,新叶变小,生长缓慢。

31.2.4 花芽分化—开花期

(1)温度:温度高于27 ℃,抑制开花;当夜间气温低于10 ℃时,菊花花芽分化停滞。

(2)光照:日照时数大于14 h,花芽发育迟缓,花期推迟。

(3)土壤湿度:土壤相对湿度大于80%时,根系易腐烂;土壤相对湿度小于40%时会出现叶片枯黄等症状。

31.3 农业气象灾害指标

菊花的主要农业气象灾害是干热风。干热风是一种高温、低湿并伴有一定风力的农业气象灾害性天气，气温在 30 ℃或以上，空气相对湿度在 30%或以下，风速一般为 3 m/s 或以上，则为干热风天气。干热风一般出现在 5 月初至 6 月中旬的少雨、高温天气。干热风天气可能造成菊花枯萎和菊花柳叶头现象。

参考书目

南汝斌，孙自然，1994. 高温条件对菊花杂交结实的影响[J]. 中国农业科学，27(3)：25-29.

王二虎，2016. 开封菊花种植气候资源分析[J]. 陕西农业科学，62(9)：78-82.

许瑛，陈煜，陈发棣，等，2009. 菊花耐寒特性分析及其评价指标的确定[J]. 中国农业科学，42(3)：974-981.

周振鸿，1983. 菊花与气候[J]. 陕西气象，10：35-36.

第32章　腊梅农业气象指标

32.1　适宜农业气象指标

32.1.1　孕蕾期

(1)温度：日平均气温5～15 ℃为宜。
(2)光照：月日照时数在80～150 h为宜。
(3)土壤湿度：土壤相对湿度在60%～80%为宜。

32.1.2　初开期

(1)温度：日平均气温5～12 ℃为宜。
(2)光照：月日照时数在80～150 h为宜。
(3)土壤湿度：土壤相对湿度在60%～80%为宜。

32.1.3　盛开期

(1)温度：日平均气温−5～10 ℃为宜。
(2)光照：月日照时数在90～160 h为宜。
(3)土壤湿度：土壤相对湿度在60%～80%为宜。

32.1.4　萎蔫期

(1)温度：日平均气温0～10 ℃为宜。
(2)光照：月日照时数在90～160 h为宜。
(3)土壤湿度：土壤相对湿度在60%～80%为宜。

32.1.5　春季生长期

(1)温度：日平均气温5～25 ℃为宜。
(2)光照：生长期总日照时数在240～480 h为宜。

(3)土壤湿度:土壤相对湿度在60%～80%为宜。

32.1.6 夏季生长期

(1)温度:日平均气温10～28 ℃为宜。
(2)光照:生长期总日照时数在340～620 h为宜。
(3)土壤湿度:土壤相对湿度在60%～85%为宜。

32.2 不利农业气象指标

32.2.1 孕蕾期

(1)温度:日平均气温低于−5 ℃。
(2)日照:月日照时数小于80 h。
(3)土壤湿度:土壤相对湿度小于40%。

32.2.2 初开期

(1)温度:日平均气温低于−5 ℃。
(2)光照:月日照时数小于50 h。
(3)土壤湿度:土壤相对湿度小于40%。

32.2.3 盛开期

(1)温度:日平均气温低于−5 ℃。
(2)光照:月日照时数小于90 h。
(3)土壤湿度:土壤相对湿度小于40%。

32.2.4 萎蔫期

(1)温度:日平均气温低于−5 ℃。
(2)光照:月日照时数小于90 h。
(3)土壤湿度:土壤相对湿度小于35%。

32.2.5 春季生长期

(1)温度:日平均气温低于5 ℃。

(2)光照:月日照时数小于 80 h。

(3)土壤湿度:土壤相对湿度小于 40%。

32.2.6 夏季生长期

(1)温度:日平均气温高于 30 ℃。

(2)光照:月日照时数小于 80 h。

(3)土壤湿度:土壤相对湿度小于 35%。

32.3 农业气象灾害指标

32.3.1 涝灾

腊梅耐旱怕涝,月降水量≥150 mm,月雨日≥15 d 或土壤相对湿度≥95%,植株生长不良。

32.3.2 冻害

日极端气温低于−15 ℃,不能安全越冬;花期遇−10 ℃低温,花朵受冻害。

参考书目

毛留喜,魏丽,2015.特色农业气象服务手册[M].北京:气象出版社.
斯迪,1994.腊梅与气象[J].内蒙古气象,4:16.

第33章　怀山药农业气象指标

33.1　适宜农业气象指标

33.1.1　休眠期

怀山药在10月停止生长后，就进入长达5个多月的休眠期，基本停止生理活动，即使人为地给其创造适宜的温度、湿度等环境条件，也不会发芽。在这段时间内，可根据需要，或收刨、出售，或整理加工，或留田越冬。

33.1.2　播种—出苗

(1)温度：怀山药栽种发芽的下限日平均气温为10 ℃，适宜日平均气温为12～15 ℃。5 cm地温稳定在10 ℃时即可栽种，日平均气温20 ℃时发芽最快。出苗的下限日平均气温为12 ℃，适宜日平均气温为15～20 ℃，播种到出苗需要≥0 ℃积温580 ℃·d左右。日平均气温≥20 ℃时出苗(分枝)最快。

(2)土壤湿度：怀山药从栽种到出苗的土壤重量含水率一般应保持在15%～18%。

33.1.3　出苗—蔓伸长期(盘棵期)

(1)温度：怀山药在幼苗期具有较强的耐寒能力，能抵抗5 ℃以下的日最低气温。幼苗期适宜日平均气温为15～20 ℃。生长盛期适宜日平均气温为25～28 ℃，日平均气温降到10 ℃以下便会停止生长。花蕾期适宜日平均气温为25～28 ℃。

(2)光照：怀山药花蕾期适宜日日照时数为8～10 h/d。

(3)土壤湿度：怀山药苗期的土壤重量含水率一般应保持在16%～20%。

33.1.4　根茎形成期—可收期

(1)温度：根茎形成期适宜日平均气温为20～24 ℃。

(2)土壤湿度：适宜土壤重量含水率为18%～20%，最高不能超过22%。

33.1.5 成熟期

怀山药完全停止生长的时间，一般在霜降以后，即10月下旬，因此它的成熟期应该在10月底。由于天气变化无常，气温下降各年不同，究竟何时收刨山药，还要根据当年的气候情况和农事安排具体确定。

33.2 不利农业气象指标

33.2.1 播种—出苗期

(1)温度：日平均气温稳定在8 ℃时芽眼开始萌动，出现淡白色生长点，但萌芽速度极为缓慢。

(2)土壤湿度：土壤重量含水率大于25%就会引起根系染病腐烂，土壤含水率过低影响出苗，即使出苗也影响正常生长。

33.2.2 出苗—蔓伸长期(盘棵期)

温度：当日最高气温超过35 ℃时生长缓慢，高于40 ℃停止生长，叶片会出现烧灼现象。

33.2.3 根茎形成期—可收期

温度：日平均气温降到20 ℃以下时，膨大速度就会减缓；日平均气温高于24 ℃时，怀山药就会随着温度的升高而呼吸作用加快，养分消耗过多，影响根茎的膨大。地温降到3 ℃以下时，根茎便停止膨大。

33.3 主要农业气象灾害

33.3.1 干旱

长期无降水或降水偏少，造成空气干燥、土壤缺水，从而使怀山药无法萌芽出苗，或者使怀山药体内水分亏缺，影响正常生长发育，最终导致产量下降。怀山药生长发育的各个时期都有可能发生干旱。

春旱：4—5月是怀山药的栽种、出苗、幼苗期。若土壤含水量过低，会影响怀山药的生根、发芽、出苗，即使勉强出苗也会比较瘦弱，影响正常生长。

初夏旱：怀山药从展叶到现蕾为甩条盘棵期，时间在 5 月上中旬至 6 月中下旬。这一时期以地上茎蔓和叶片生长为主。此期怀山药进入生长盛期，如遇干旱或土壤过硬，生长受阻就容易出现扁、弯等畸形。有“干生扁，湿长圆”之说。

33.3.2 晚霜冻与低温

春季天气回暖后，空气温度突然下降，地表温度骤降到 0 ℃以下或者气温低于怀山药正常生长的适宜温度下限时，怀山药受到损害，甚至死亡。

33.3.3 雨涝与湿害

雨水过多，土壤含水量过高，山药根系因受水渍而染病腐烂，导致植株死亡。如果气温过高，空气湿度过大，就可能使怀山药感染各种病害，茎叶也会未老先衰，提早枯死，影响怀山药的产量和品质。

参考书目

毛留喜，魏丽，2015. 特色农业气象服务手册[M]. 北京：气象出版社.

王丽芝，谢彩香，陈士林，等，2010. 怀山药的生态适宜性数值区划[J]. 中药材(8)：1222-1225.

张新刚，刘佳，卢学峰，等，2012. 怀山药生育期气象条件与气象灾害分析[J]. 气象与环境科学，35(S1)：58-61.

第34章　怀地黄农业气象指标

34.1　适宜农业气象指标

34.1.1　播种—出苗期

(1)温度:怀地黄发芽的下限日平均气温是8 ℃,种子发芽的适宜日平均气温为22～30 ℃;根茎发芽的适宜日平均气温为18～21 ℃。

(2)土壤湿度:怀地黄种子发芽的适宜土壤重量含水率为20%～24%,种栽根茎发芽的适宜土壤重量含水率为15%～20%。

34.1.2　出苗—盘棵期

(1)温度:幼苗期适宜日平均气温为15～20 ℃。

(2)土壤湿度:黄苗期的适宜土壤重量含水率为12%～18%。

34.1.3　根茎膨大期—可收期

(1)温度:根茎膨大期适宜日平均气温为25～28 ℃,日平均气温降到20 ℃以下时,膨大速度就会减缓。

(2)土壤湿度:适宜土壤重量含水率在15%左右。

34.2　不利农业气象指标

34.2.1　播种—出苗期

(1)温度:怀地黄种子在日平均气温低于8 ℃时不发芽。日平均气温在11～13 ℃时怀地黄根茎发芽缓慢,需要30～45 d才能发芽。

(2)光照:怀地黄种子在光照不足时发芽率不高,时间也要延长几倍,且苗架细弱,易染病枯死。

(3)土壤湿度:栽种后土壤重量含水率超过20%会引起腐烂。

34.2.2 出苗—盘棵期

(1)温度:日平均气温低于10 ℃时叶片开始变黄变红。

(2)土壤湿度:如果土壤重量含水率低于12%,会因干旱而影响生长。

34.2.3 根茎膨大期—可收期

(1)温度:日平均气温低于15 ℃时根茎很少增长。

(2)土壤湿度:土壤重量含水率大于20%,土壤过于潮湿,会导致根茎膨大缓慢,死苗烂根,地上叶片也易发病枯死,若田间积水超过2 h会引起根茎腐烂,植株死亡。故有“温度高偏干旱,地黄生长快而好;高温高湿,则地黄容易生病腐烂”之说。

参考书目

常断玲,张翠英,谢彩香,等,2010.怀地黄产地适宜性分析[J].河南农业科学(7):77-80.

范芳,李丽伟,王文亮,等,2007.怀地黄干物质增长过程与有效积温的关系[J].中国农学通报(6):308-311.

宋福海,2009.怀地黄高产栽培关键技术[J].科学种养(1):17-18.

第 35 章　金银花适宜农业气象指标

金银花的适宜农业气象指标如下：

芽膨大期

(1)温度:适宜日平均气温为 11～14 ℃。
(2)水分:适宜降水量 15～20 mm。

芽开放期

(1)温度:适宜日平均气温为 11～14 ℃。
(2)水分:适宜降水量 15～20 mm。
(3)土壤湿度:土壤相对湿度以 65%～75%为宜。

展叶期

(1)温度:适宜日平均气温为 14～20 ℃。
(2)水分:适宜降水量为 20～40 mm。
(3)土壤湿度:土壤相对湿度以 65%～75%为宜。

开花期

(1)温度:适宜日平均气温为 20～35 ℃。
(2)水分:适宜降水量为 20～40 mm。
(3)土壤湿度:土壤相对湿度以 65%～75%为宜。

二次开花

(1)温度:适宜日平均气温为 20～35 ℃。
(2)水分:适宜降水量为 20～40 mm。
(3)土壤湿度:土壤相对湿度以 65%～75%适宜。

叶变色期

温度:适宜日平均气温为 10～15 ℃。

落叶期

温度:日平均气温低于 10 ℃开始落叶。

参考书目

邓鹏飞,吴刚,杨小明,2014.金银花种植区气候条件分析[J].农业与技术,34(11):2.

毛留喜,魏丽,2015.特色农业气象服务手册[M].北京:气象出版社.

王俊涛,何伟娜,2016.金银花无公害高产栽培技术[J].河南农业(19):11-12.

第 36 章 冬凌草适宜农业气象指标

冬凌草的适宜农业气象指标如下：

出苗期(3 月上中旬)

(1)温度:种子发芽的最低温度为 4～5 ℃,最适温度为 15～20 ℃,播种到出苗积温需 110～120 ℃・d。
(2)水分:降水量以 10～20 mm 为宜。
(3)光照:日照时数以 80～100 h 为宜。
(4)土壤湿度:土壤相对湿度以 30%～80%为宜。

营养生长茎叶形成(3 月下旬到 5 月中旬)

(1)温度:适宜日平均气温为 15～20 ℃。
(2)水分:降水量以 50～70 mm 为宜。
(3)光照:日照时数以 300～400 h 为宜。
(4)土壤湿度:土壤相对湿度以 40%～80%为宜。

营养生长茎秆伸长(5 月中下旬到 7 月初)

(1)温度:适宜日平均气温为 22～27 ℃。
(2)水分:降水量以 50～70 mm 为宜。
(3)光照:日照时数以 250～350 h 为宜。
(4)土壤湿度:土壤相对湿度以 40%～80%为宜。

夏季收获(6 月中下旬)

(1)温度:适宜日平均气温为 26～28 ℃。
(2)土壤湿度:土壤相对湿度以 30%～80%为宜。

花芽生理、形态分化(7 月初到 9 月底)

(1)温度:适宜日平均气温为 22～28 ℃。

(2)水分:降水量以 50～70 mm 为宜。
(3)光照:日照时数以 300～500 h 为宜。
(4)土壤湿度:土壤相对湿度以 40%～80%为宜。

秋季收获(9 月下旬)

(1)温度:适宜日平均气温为 19～21 ℃。
(2)土壤湿度:土壤相对湿度以 30%～80%为宜。

开花、果实成熟(10 月底)

(1)温度:适宜日平均气温为 13～15 ℃。
(2)水分:降水量以 10～20 mm。
(3)光照:日照时数以 100～200 h。
(4)土壤湿度:土壤相对湿度以 30%～80%为宜。

越冬期(11 月到次年 3 月)

(1)温度:适宜日平均气温为 13～15 ℃。
(2)水分:降水量以 10～20 mm 为宜。
(3)光照:日照时数以 100～200 h 为宜。
(4)土壤湿度:土壤相对湿度以 30%～80%为宜。

参考书目

王新民,谢彩香,陈士林,等,2008.冬凌草适宜产区区划研究[J].安徽农业科学(31):13677-13680.
张建鹏,尚霄丽,付向凌,2013.冬凌草及其高效栽培管理技术[J].现代园艺(19):26-27.